CLAUS MATTHECK

VERBORGENE GESTALTGESETZE DER NATUR

OPTIMALFORMEN OHNE COMPUTER

1. AUFLAGE

ZEICHNUNGEN UND TEXT: CLAUS MATTHECK
SCHRIFTSATZ UND LAYOUT: JÜRGEN SCHÄFER

POSTFACH 3640, D-76021 KARLSRUHE
ISBN-13 978-3-923704-53-8
ISBN-10 3-923704-53-4

DIESES BUCH BASIERT AUF FORSCHUNGSARBEITEN, DIE AM FORSCHUNGSZENTRUM KARLSRUHE GMBH DURCHGEFÜHRT WURDEN.
DER AUTOR WEIST AUSDRÜCKLICH DARAUF HIN, DASS DIE UMSETZUNG DER VORSCHLÄGE UND EMPFEHLUNGEN DIESES BUCHES AUF GRUNDLAGE DER EIGENEN BEURTEILUNG UND SACHKENNTNIS DES JEWEILIGEN ANWENDERS ERFOLGEN MUSS UND DABEI INSBESONDERE DIE UMSTÄNDE DES KONKRETEN EINZELFALLS ZU BERÜCKSICHTIGEN SIND (SIEHE AUCH SEITE 113).
DAHER SCHLIEßEN DER AUTOR, DIE BEITRAGENDEN, DAS FORSCHUNGSZENTRUM KARLSRUHE GMBH UND DER HERSTELLER DIESES BUCHES JEGLICHE HAFTUNG FÜR SCHÄDEN AUS, DIE AUS DER ANWENDUNG DER INFORMATIONEN DIESES BUCHES ENTSTEHEN KÖNNEN, SOFERN SEITENS DER VORGENANNTEN KEIN NACHWEISLICH VORSÄTZLICHES ODER GROB FAHRLÄSSIGES VERSCHULDEN VORLIEGT.

INHALT

ALS FORSCHER
SEINEM VOLKE ZU DIENEN
HEIẞT AUCH
DAS KOMPLIZIERTE IHM
EINFACH ZU MACHEN
DEN LICHTSTRAHL DES WISSENS IHM
MIT DER DEMUT
DES DIENENDEN
DARZUBIETEN
WOHL WISSEND
DASS OHNE VOLK KEINE FORSCHUNG
UND OHNE FORSCHUNG KEIN VOLK
MEHR BESTEHT
DIE GNADLOSE PRÜFUNG
DER EVOLUTION
DIE AUCH
– GLOBALISIERUNG –
HEUTE HEIẞT.

GESTALTEN NACH DER NATUR:

SEIT ETWA 15 JAHREN LASSEN WIR BAUTEILE IM COMPUTER WACHSEN WIE BÄUME. WIR MACHTEN SIE AUCH LEICHTER NACH DEN GESTALTGESETZEN DER KNOCHEN. AUTOS FAHREN HERUM MIT TEILEN, DIE NACH DER NATUR GEFORMT SIND. COMPUTERSIMULATION DES LASTGESTEUERTEN WACHSTUMS - EINE METHODE FÜR DIE INGENIEURSELITEN, MIT SOFTWARELIZENZEN UND COMPUTERN, DIE STÄNDIG BESSER WERDEN.

KEINE METHODEN FÜR DAS KLEINE UNTERNEHMEN, KEINE FÜR DAS HANDWERK UND AUCH KEINE FÜR DEN DESIGNER!

FÜR ALL JENE SIND NUNMEHR ENDLICH IN DIESEM BÜCHLEIN REIN GRAPHISCHE METHODEN BEREITGESTELLT, DIE HELFEN SOLLEN, LEICHTE UND DAUERFESTE BAUTEILE ZU ENTWERFEN, DIE DEN GESETZEN DER NATUR GENÜGEN, FORMEN ZU FINDEN, DIE DIE BRÜCKE SCHLAGEN ZWISCHEN KULTUR UND NATUR, DIE OBWOHL VON MENSCHENHAND GEMACHT, DOCH ´NATUR´ SIND, WEIL SIE SICH IN IHRE GESTALTGESETZE FÜGEN.

DIE TECHNISCHE BERECHNUNG ENTFÄLLT NICHT GANZ, SIE DIENT AM ENDE DER DIMENSIONIERUNG, DER FESTLEGUNG DER DICKE VON WANDSTÄRKEN, ZUGSEILEN, DRUCKBÖGEN, DER VERIFIKATION. ALLEIN, DIE GRUNDSÄTZLICHE FORM, DEN DESIGNVORSCHLAG FINDEN WIR HIER COMPUTERFREI - MIT BLEISTIFT UND GEODREIECK!

WAR MEIN BUCH ´WARUM ALLES KAPUTT GEHT´ EINE EINFÜHRUNG IN DIE SCHADENSKUNDE, INS VERSTÄNDNIS DES MECHANISCHEN VERSAGENS, SO IST DIESES BÜCHLEIN EINE HILFE FÜR DIE SCHADENSVERMEIDUNG UND GESTALTFINDUNG MIT EINFACHSTMETHODEN, DIE WIR SELBST VOR 2 JAHREN NOCH FÜR UNDENKBAR HIELTEN. DIESE RESULTIEREN LETZTLICH AUS EINEM NEUEN MECHANISCHEN VERSTÄNDNIS FÜR DIE VERBORGENEN GESTALTGESETZE DER NATUR, IHRER HEIMLICHEN FUNKTIONELLEN SCHÖNHEIT, EINEM VERSTÄNDNIS, DAS AUCH WUCHS AUS VIELEN GESPRÄCHEN MIT JENEN HANDVERLESENEN WISSENSCHAFTS-QUERKÖPFEN, DIE MICH GOTTLOB UMGEBEN.

FORSCHUNGSZENTRUM KARLSRUHE
IM SOMMER 2006

CLAUS MATTHECK

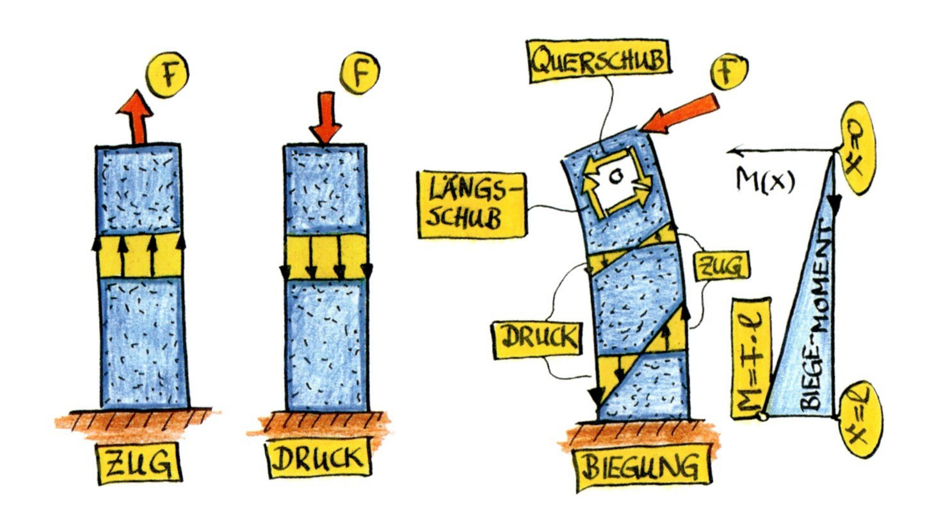

ZUGSPANNUNGEN SIND DER WIDERSTAND GEGEN EINE LÄNGUNG, DRUCKSPANNUNGEN GEGEN EINE VERKÜRZUNG DES BAUTEILES. WIRD DIE KRITISCHE SPANNUNG, DIE MATERIALFESTIGKEIT ERREICHT, VERSAGT DAS BAUTEIL. SPANNUNGEN KANN MAN BERECHNEN, FESTIGKEITEN MUSS MAN FÜR DEN JEWEILIGEN WERKSTOFF MESSEN. DIE ZUG-, DRUCK- UND BIEGESPANNUNGEN SIND GELB EINGEZEICHNET. DAS BIEGEMOMENT M(x) NIMMT MIT DEM HEBELARM VON OBEN NACH UNTEN ZU UND EBENSO DIE BIEGESPANNUNGEN. OBEN IM BIEGEBALKEN SIEHT MAN DIE SCHUBSPANNUNGEN. ES GILT: QUERSCHUB=LÄNGSSCHUB, SONST WÜRDE DAS EINGESCHLOSSENE WEIßE SCHUBVIERECK JA ROTIEREN.

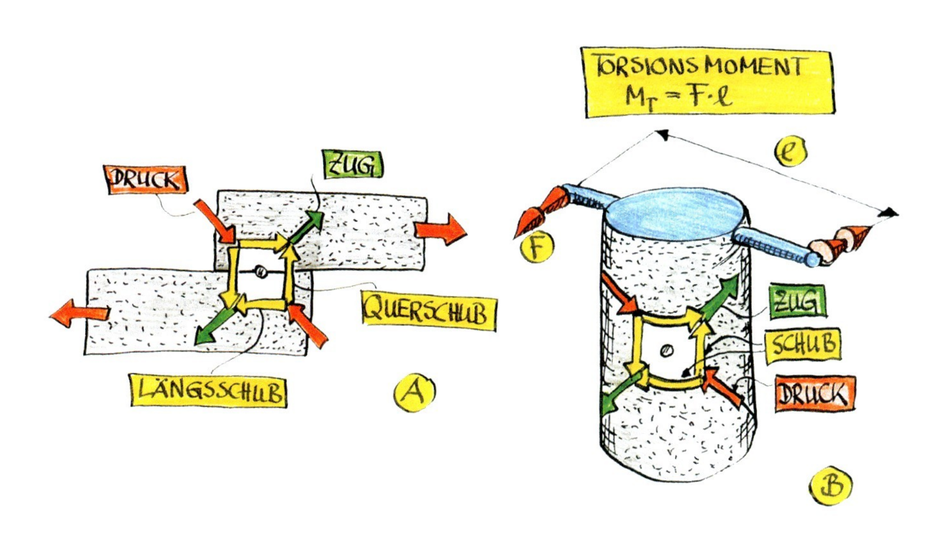

SCHUBSPANNUNGEN SIND DER WIDERSTAND GEGEN EINE GLEITUNG. DIE KRITISCHE SCHUBSPANNUNG HEIẞT SCHUB- ODER SCHERFESTIGKEIT. AUCH SIE MUSS MAN EXPERIMENTELL BESTIMMEN. DIE SCHUBSPANNUNGEN KANN MAN SEHR GUT AN EINER ÜBERLAPPENDEN KLEBEVERBINDUNG **(A)** UNTER ZUGBELASTUNG ERKLÄREN. SEHR PLAUSIBEL IST DER LÄNGSSCHUB. DA DAS DREHBAR GEDACHTE SCHUBVIERECK NICHT ROTIERT, IST LÄNGSSCHUB=QUERSCHUB. DAS GILT AUCH FÜR TORSION **(B)**. DIE EINGEZEICHNETEN ZUG- UND DRUCKSPANNUNGEN SIND DEN SCHUBSPANNUNGEN GLEICHWERTIG.

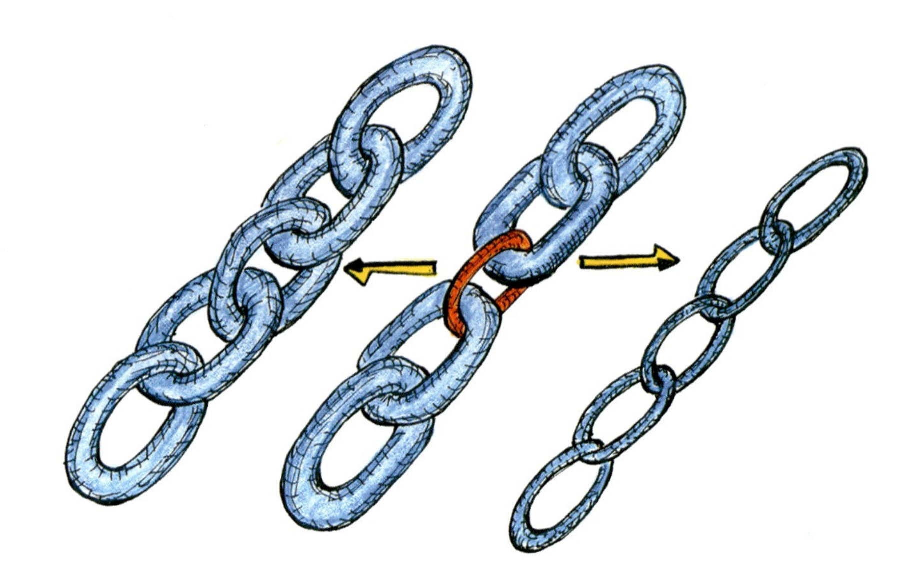

EINE GUTE MECHANISCHE KONSTRUKTION IST VERGLEICHBAR MIT EINER KETTE AUS GLEICH FESTEN GLIEDERN. KEIN TEIL IST ÜBERLASTET, KEINES UNTERBELASTET. ES GIBT ZWEI ARTEN VON FEHLKONSTRUKTIONEN. HAT DIE KETTE EIN SCHWACHES GLIED UND IST DIESES BRUCHGEFÄHRDET, KANN MAN ES DURCH WACHSTUM WIEDER SO SICHER MACHEN WIE DIE ANDEREN GLIEDER. SO MACHEN ES DIE BÄUME! IST DAS SCHWACHE GLIED DENNOCH FEST GENUG FÜR DIE IHM ZUGEDACHTE BELASTUNG, SO SIND ALLE ANDEREN GLIEDER ZU SCHWER. DANN KANN MAN SIE SCHRUMPFEN LASSEN UND LEICHTER MACHEN, SO WIE DAS DIE FRESSZELLEN IN KNOCHEN TUN. SO LEICHT WIE MÖGLICH UND SO FEST WIE NÖTIG!

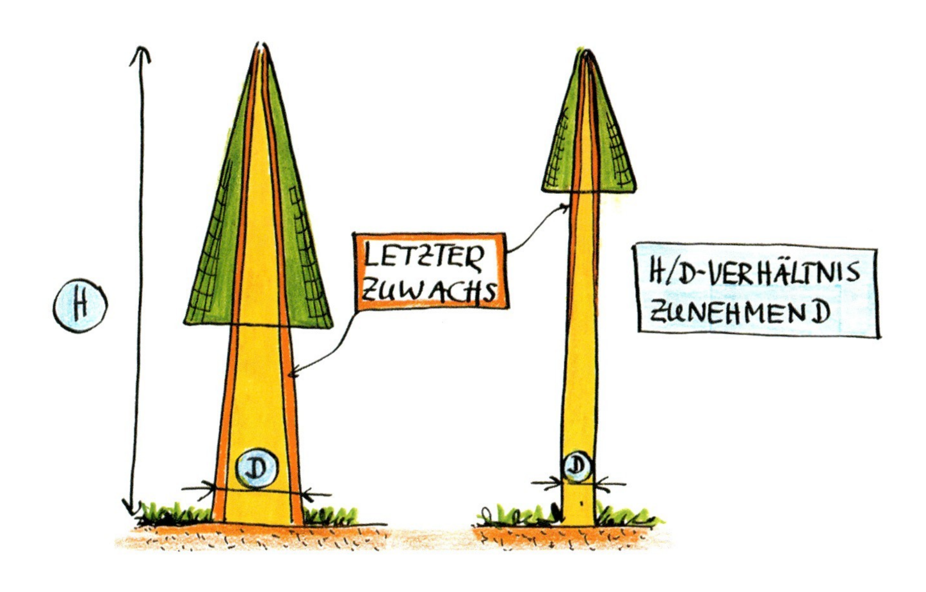

IN LETZTER KONSEQUENZ HEISST DAS, DASS ÜBERALL DIESELBEN SPANNUNGEN IM BAUTEIL HERRSCHEN. SO FORMEN DIE BÄUME IHRE STÄMME. WENN IHRE KRONE GROSS GENUG IST, VERBREITERN SIE IHREN STAMM NACH UNTEN SO, DASS BEI WINDBELASTUNG DIE SPANNUNGEN ENTLANG DES STAMMES GLEICH GROSS SIND (LINKS).

BÄUME IN ENGEM BESTAND HABEN NUR EINE KLEINE KRONE UND IHRE STÄMME WACHSEN UNTEN NICHT MEHR GENUG IN DIE DICKE. SIE WERDEN DURCH SCHLANKHEIT ZUM RISIKO: EIN VERSTOSS GEGEN DAS AXIOM KONSTANTER SPANNUNG, DIE REGEL VON DER GERECHTEN LASTVERTEILUNG!

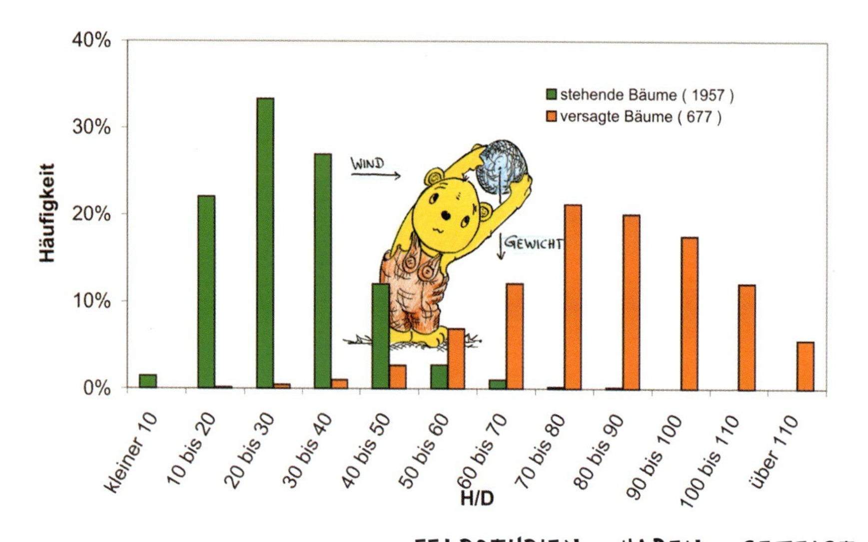

FELDSTUDIEN HABEN GEZEIGT, DASS FREIGESTELLTE, ALSO IM BESTAND AUFGEWACHSENE UND DAHER SCHLANKE BÄUME, DIE HEUTE SOLITÄR OHNE MECHANISCHEN NACHBARKONTAKT STEHEN, EIN ERHÖHTES RISIKO DARSTELLEN, WENN IHR SCHLANKHEITSGRAD, ALSO IHR HÖHEN/STAMMFUßDURCHMESSER-VERHÄLTNIS GRÖßER ALS **H/D=50** IST. SOLCHE BÄUME WERDEN VOM WINDE LEICHT SCHIEF GESTELLT UND GEWORFEN.

VIELE ALTE BÄUME HABEN DAHER EIN SEHR KLEINES H/D-VERHÄLTNIS UND DER AUSTRALISCHE HOHLE BAUM, DER JAHRELANG DIE WOHNUNG DEUTSCHER AUSWANDERER WAR, WURDE NUR SO ALT, WEIL ER KOMPAKT IST. SEINE GERINGE HÖHE KOMPENSIERT DIE INNERE AUSHÖHLUNG. BEI MENSCHEN UND TIEREN MUSS MAN ABER SORGE TRAGEN, DASS MAN NICHT ZU KOMPAKT WIRD, WIE DIE TREUE ENGLISCHE BULLDOGGE UNS ZEIGT.

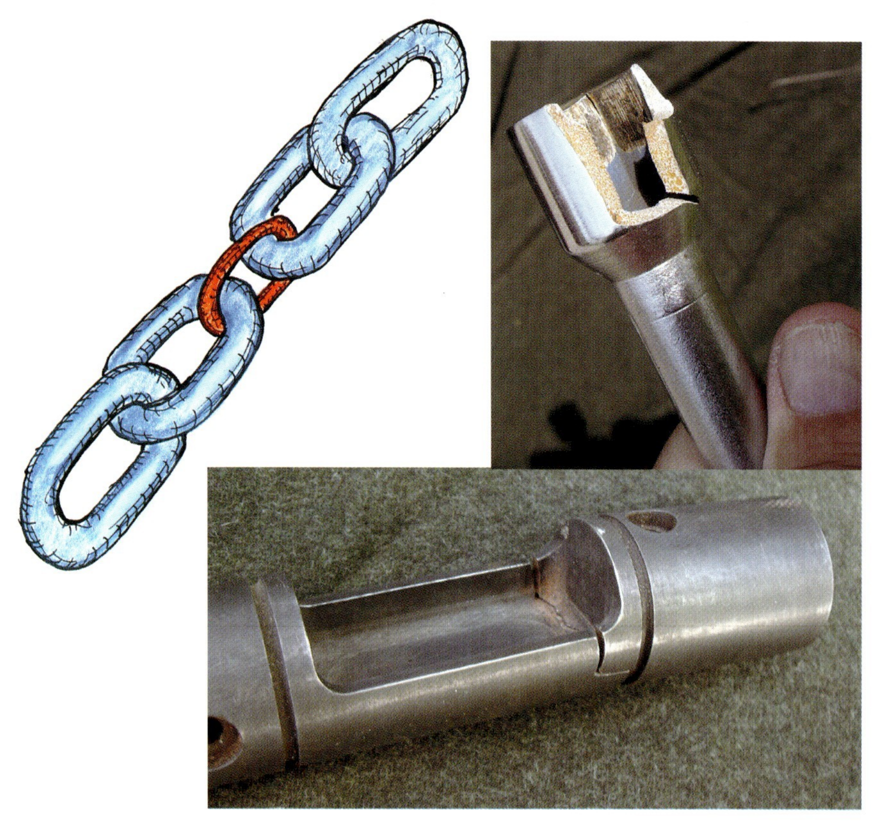

DAS SCHWACHE KETTENGLIED ZU SCHLANKER BÄUME IST DER STAMMFUẞ UND DIE WURZELPLATTE. DIE SCHWACHSTELLE BEI VIELEN MECHANISCHEN BAUTEILEN IST DIE NICHT FORMOPTIMIERTE KERBE, EINE KONKAVE AUSFORMUNG DER BAUTEILOBERFLÄCHE, DIE SPANNUNGSSPITZEN BEWIRKT UND VON DER RISSE STARTEN KÖNNEN.

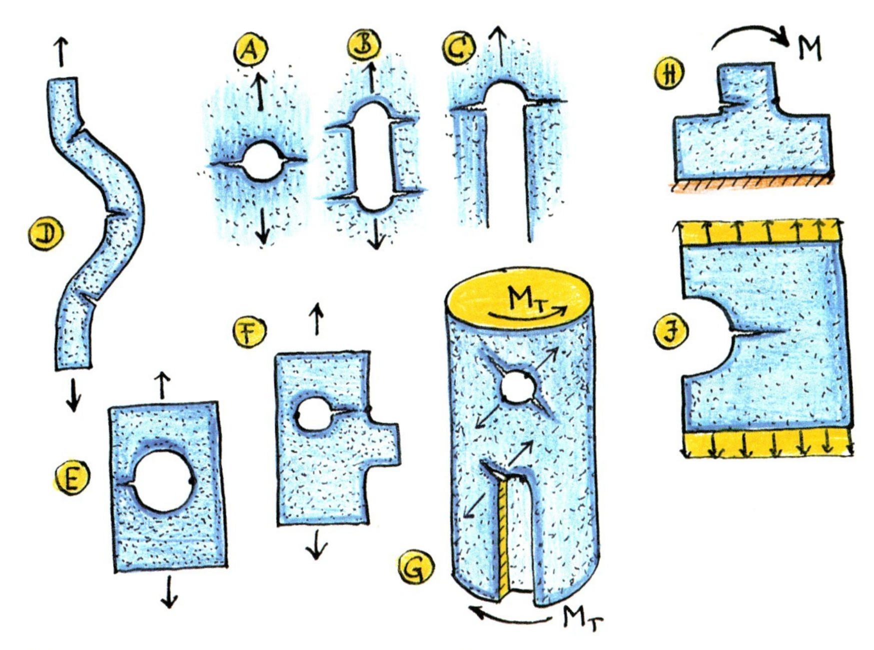

FÜR DEN LESER, DER DAS BUCH 'WARUM ALLES KAPUTT GEHT' NICHT KENNT, WERDEN HIER KURZ AUSZÜGE AUS DIESEM ZUM VERSTÄNDNIS DER KERBSPANNUNGEN VORANGESTELLT:
ETWA SENKRECHT ZU DEN ZUGSPANNUNGEN STARTEN AN DER GEFÄHRLICHSTEN KERBE ERMÜDUNGSRISSE NACH EINER AUSREICHENDEN ZAHL VON LASTWECHSELN, VERLÄNGERN SICH MIT JEDEM LASTSPIEL, WACHSEN MIT ZUNEHMENDER RISSLÄNGE IN DER REGEL IMMER SCHNELLER UND SCHLIEßLICH FOLGT DER INSTABILE BRUCH ALS DER TRAGÖDIE LETZTER TEIL. WENN MAN ALSO RISSE SUCHT, DANN SUCHE MAN ERST NACH DER KERBE!

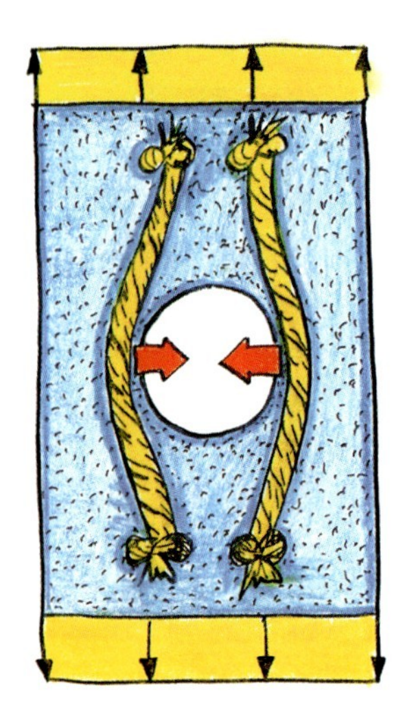

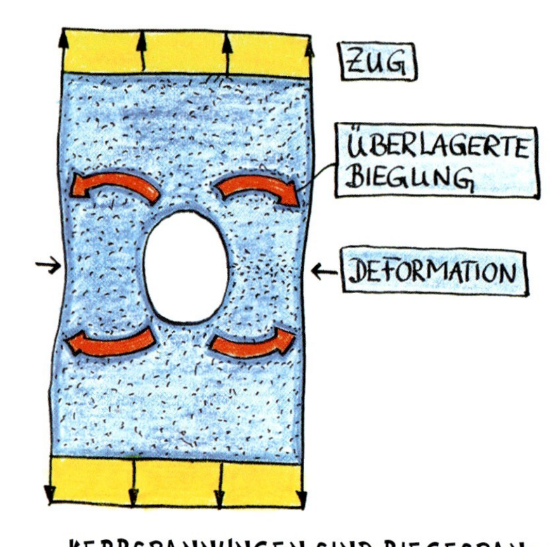

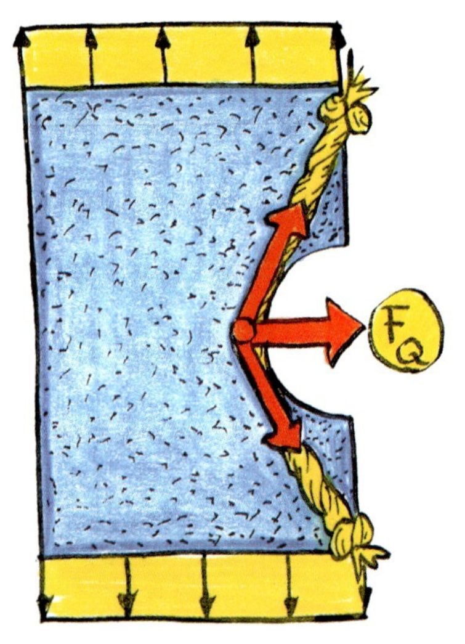

KERBSPANNUNGEN SIND BIEGESPANNUNGEN, DIE AUS DER VERBIEGUNG DER KERBKONTUR ENTSTEHEN. MAN KANN SICH DAS AUCH WIE GERADEGEZOGENE SEILE VORSTELLEN, DIE UM DIE KERBE HERUMGELENKT WURDEN. JE SCHÄRFER DIE ECKE, DESTO GRÖẞER SIND DIE QUERKRÄFTE F_Q AM SEIL UND DAMIT DIE KERBSPANNUNGEN. ABER AUCH KREISFÖRMIG AUSGERUNDETE ECKEN KÖNNEN NOCH HOHE KERBSPANNUNGEN BEWIRKEN.

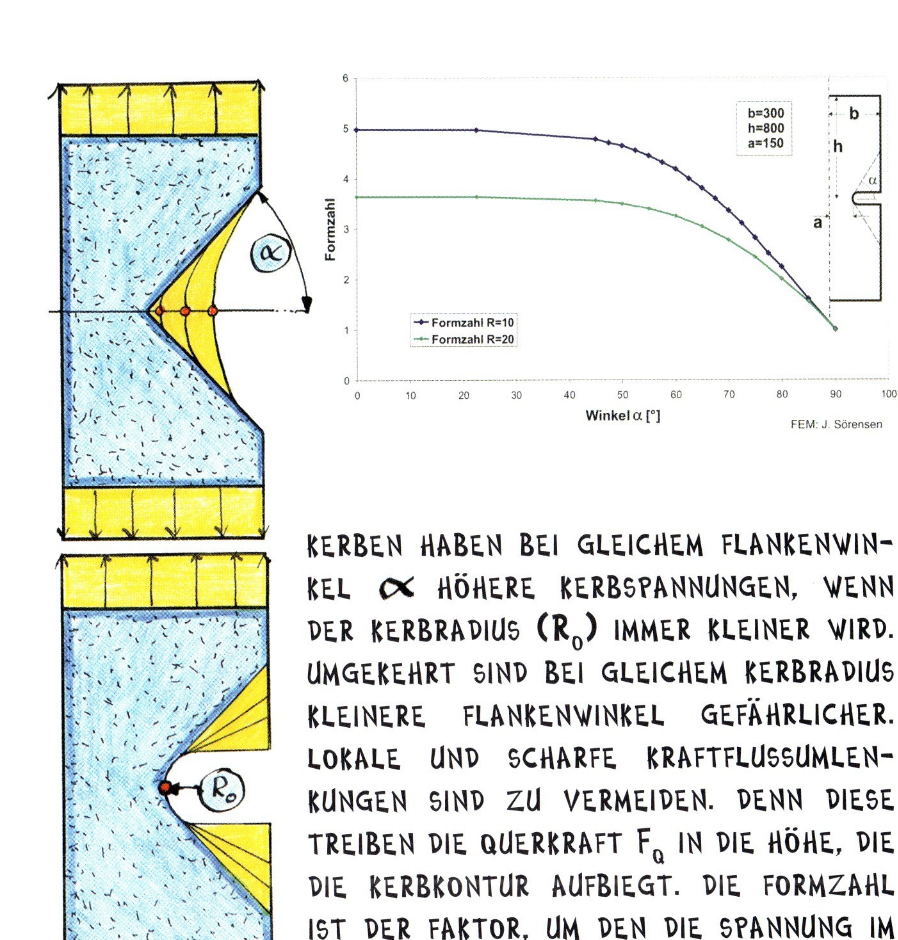

KERBEN HABEN BEI GLEICHEM FLANKENWINKEL α HÖHERE KERBSPANNUNGEN, WENN DER KERBRADIUS (R_0) IMMER KLEINER WIRD. UMGEKEHRT SIND BEI GLEICHEM KERBRADIUS KLEINERE FLANKENWINKEL GEFÄHRLICHER. LOKALE UND SCHARFE KRAFTFLUSSUMLENKUNGEN SIND ZU VERMEIDEN. DENN DIESE TREIBEN DIE QUERKRAFT F_Q IN DIE HÖHE, DIE DIE KERBKONTUR AUFBIEGT. DIE FORMZAHL IST DER FAKTOR, UM DEN DIE SPANNUNG IM BAUTEIL DURCH DIE PRÄSENZ DER KERBE ERHÖHT WIRD.

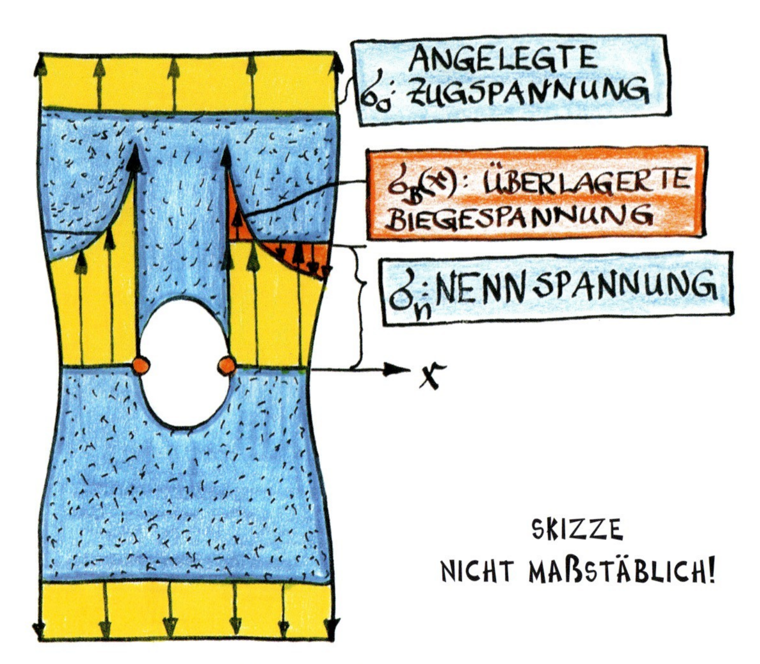

WIR WOLLEN DIE KERBSPANNUNGEN AN EINEM KREISLOCH VERSTEHEN: DIE VON AUẞEN ANGELEGTE SPANNUNG IST NEBEN DEM KREISLOCH HÖHER, EINFACH WEIL DER QUERSCHNITT UM DEN LOCHDURCHMESSER KLEINER IST. DER SO ERHÖHTEN SPANNUNG (NENNSPANNUNG) ÜBERLAGERT SICH DIE BIEGESPANNUNG AUS DER DEFORMATION DER KERBKONTUR UND DAS IST DIE ROT EINGEZEICHNETE KERBSPANNUNG - DER BAUTEILKILLER! GELINGT ES, DIE SUMME VON NENN- UND BIEGESPANNUNG ENTLANG DER KERBKONTUR KONSTANT ZU HALTEN, IST DAS AXIOM KONSTANTER SPANNUNG ERFÜLLT, DIE KERBFORM OPTIMIERT.

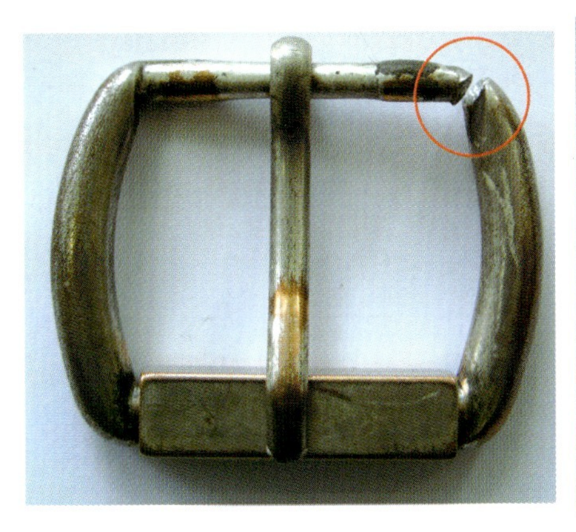

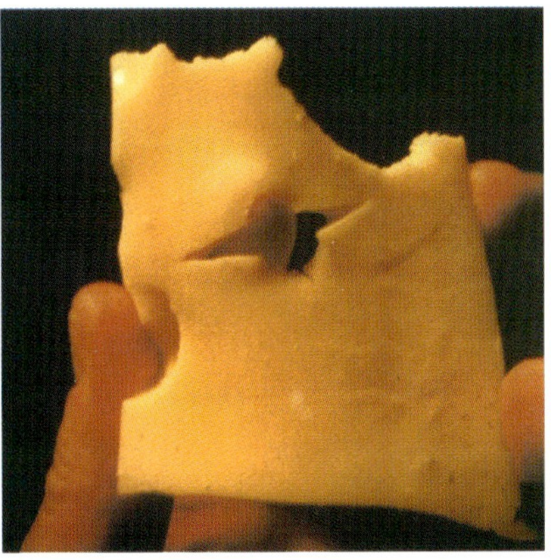

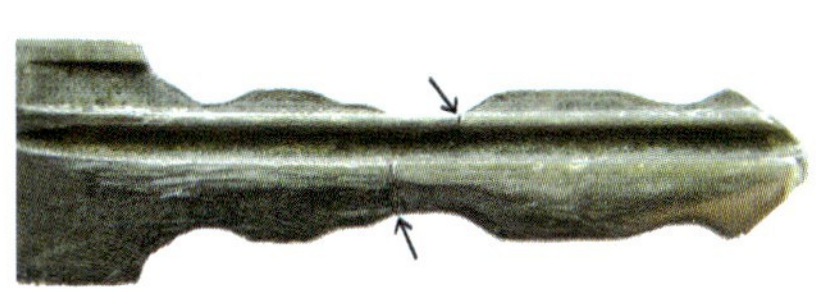

DIESE BEISPIELE ZEIGEN, DASS BAUTEILE – VON DER GÜRTELSCHNALLE, ZUM SCHLÜSSEL, ÜBER DAS KÄSESTÜCK BIS ZUR FAHRRADKURBEL – AN DER KERBE REIẞEN KÖNNEN. WIR SIND VON KERBEN UMGEBEN!

DIESE SCHRAUBE HATTE EINE EINSEITIGE BIEGEBELASTUNG. HOHE KERBSPANNUNGEN LIEẞEN DIE SEITLICHEN ZIPFEL (ROTE KREISE) DER MIT JEDEM LASTSPIEL WACHSENDEN ERMÜDUNGSBRUCH-FLÄCHE VORAUSEILEN, BIS NACH ERREICHEN DER KRITISCHEN RISSLÄNGE DER GEWALTBRUCH ERFOLGTE.

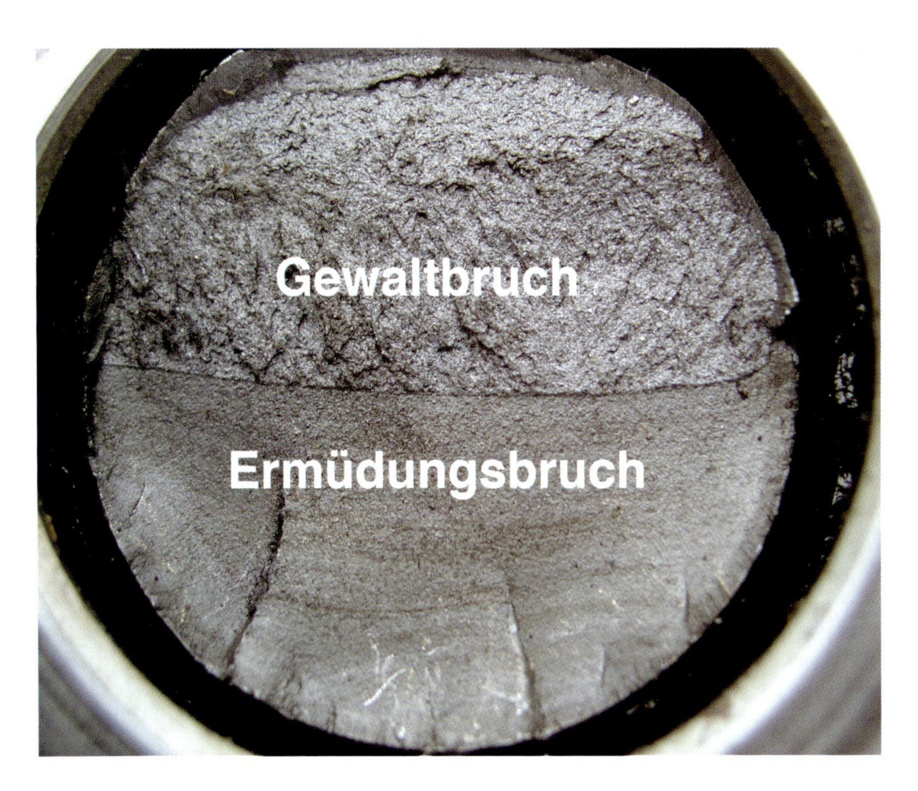

BRUCHFLÄCHE EINER ACHSE, DIE EINSEITIGE BIEGEBELASTUNG UND KERBSPANNUNGEN (SEITLICH VOREILENDE ZIPFEL) ANZEIGT. WENN DIE GEWALTBRUCHFLÄCHE SEHR GROß IST, HANDELT ES SICH UM EIN BAUTEIL MIT BESONDERS WENIG SICHERHEITSRESERVEN. IM SCHLIMMSTEN FALL BRICHT ES MIT EINEM LASTSPIEL OHNE JEGLICHES ERMÜDUNGSRISSWACHSTUM.

EINE ALTE SANDALE RISS AN DEN KERBEN DER SOHLE, EIN SCHÖNES BRETT DURCH TROCKNUNGSRISSE IM KERBGRUND UND DER STIEL DES SEKTGLASES BRACH AN DER KERBE ZUR STANDFLÄCHE.

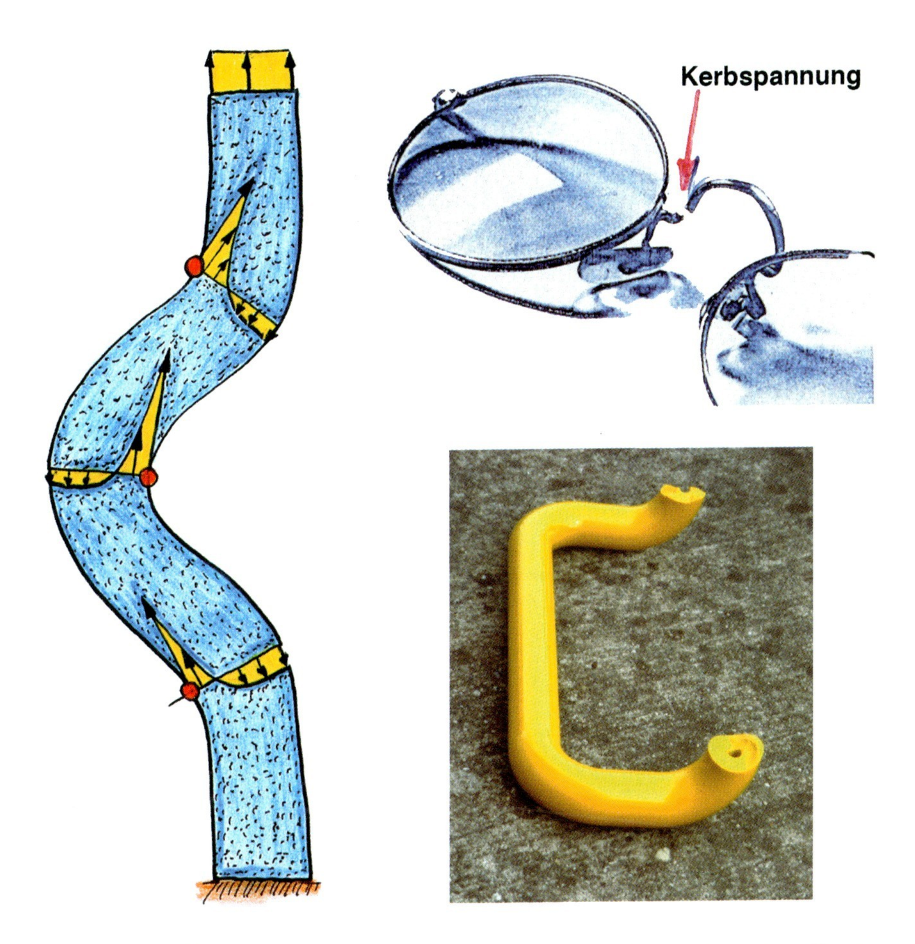

AUCH GEKRÜMMTE BALKEN HABEN KERBSPANNUNGEN IN DEN KONKAVEN BUCHTEN (ROTE PUNKTE). DER TÜRGRIFF BRACH AN DER VIERTELKREISKERBE GENAU WIE DIE BRILLE.

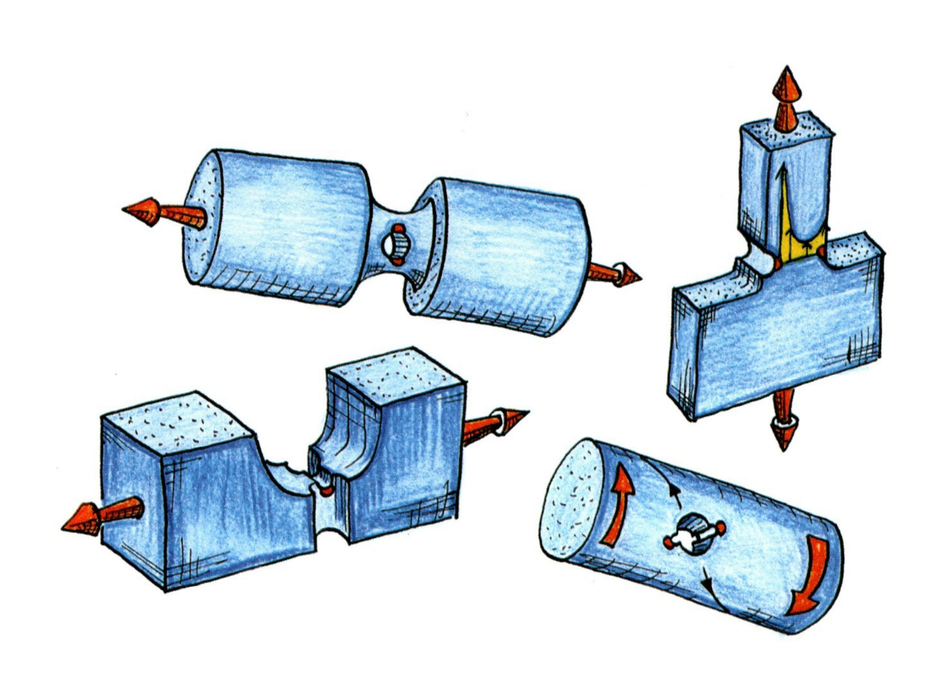

BESONDERS SCHLIMM IST ES, WENN VERSCHIEDENE KERBEN SOGAR INEINANDER GESCHACHTELT WERDEN, WIE DIESE BEISPIELE ZEIGEN. DABEI WIRD DER BEREITS UMGELENKTE KRAFTFLUSS NOCHMALS UMGELENKT. HIER MULTIPLIZIEREN SICH DIE SCHÄDLICHEN SPANNUNGSÜBERHÖHUNGEN DER EINZELKERBEN. EINE RÄUMLICHE SEPARATION DER DOPPELKERBEN KANN HIER SCHON VIEL HELFEN, SELBST WENN DIE EINZELNEN KERBEN NOCH NICHT FORMOPTIMIERT SIND.

WIR HABEN SEIT ENDE DER 80ER JAHRE KERBSPANNUNGEN NACH DEM VORBILD DER NATUR ENTSCHÄRFT. DIE BÄUME WAREN UNSER VORBILD FÜR DIE CAO-METHODE (COMPUTER AIDED OPTIMIZATION) UND DIE KNOCHEN FÜR DIE SKO-METHODE (SOFT KILL OPTION). UNSERE COMPUTERMETHODEN FÜR DIE SIMULATION BIOLOGISCHEN WACHSTUMS WAREN WOHL DIE EINFACHSTEN, SIND IN DER INDUSTRIE WEIT VERBREITET UND WAREN DENNOCH ZU KOMPLEX FÜR DEN KLEINBETRIEB, DAS HANDWERK UND DIE FORMENFINDER – DIE DESIGNER! MIT DER NACHFOLGEND VORGESTELLTEN METHODE DER ZUGDREIECKE LÖSEN WIR ZWAR NICHT ALLE DIESE PROBLEME, ABER VIELE!

EIN BAUMSTAMM BILDET MIT DER ERDOBERFLÄCHE EINE SCHARF-ECKIGE KERBE. ER ÜBERBRÜCKT UND ENTSCHÄRFT DIESE ECKE DURCH DEN WURZELANLAUF, DER MEIST WINDSEITIG AM STÄRKSTEN AUSGEPRÄGT IST UND DER WIE EIN ZUGDREIECK WIRKT! DAS IST DIE ANREGUNG FÜR UNSERE ´METHODE DER ZUGDREIECKE´, EINER REIN GRAPHISCHEN METHODE ZUM ABBAU VON KERBSPANNUNGEN, ZUR ENTSCHÄRFUNG VON SOLLBRUCHSTELLEN. DAS DREIECK WIRD SYMMETRISCH ZUR ECKE ANGEBRACHT.

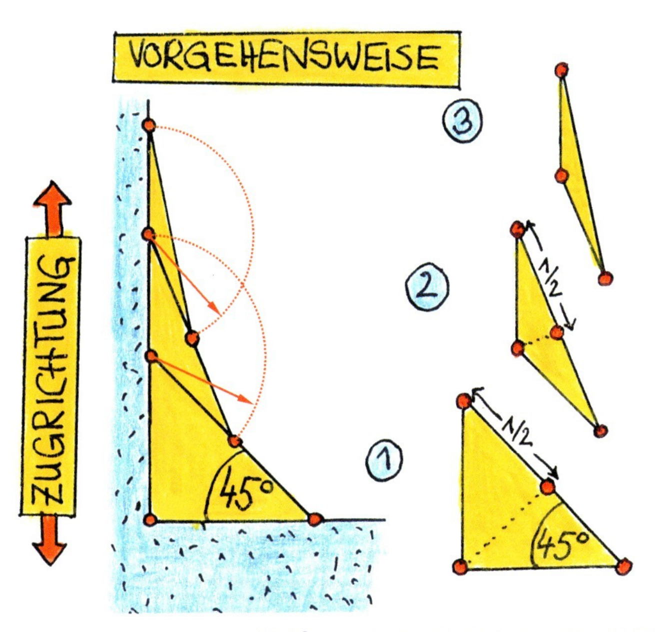

AUSGEHEND VOM UNTEREN 45°-WINKEL KLEBEN WIR EIN ZUG-DREIECK IN DIE SCHARFE ECKE! DAMIT ENTSTEHT WEITER OBEN EINE NEUE KERBE, DIE ABER SCHON STUMPFER IST UND DAMIT WENIGER GEFÄHRLICH. DIESE KERBE ÜBERBRÜCKEN WIR WIEDER SYMMETRISCH, IMMER VON DER MITTE DES UNTEREN ZUG-DREIECKES AUSGEHEND UND SO WEITER! MEIST REICHEN DREI ZUGDREIECKE. DANN RUNDEN WIR DIE VERBLEIBENDEN STUMPFEN ECKEN – AUßER DER UNTEREN – MIT KREISRADIEN AUS. DAS IST EINE NUR FÜR DIESE LASTRICHTUNG OPTIMIERTE KERBKONTUR, DIE AUCH GUT MIT DEM ERGEBNIS DER COMPUTERMETHODE **CAO** ÜBEREINSTIMMT.

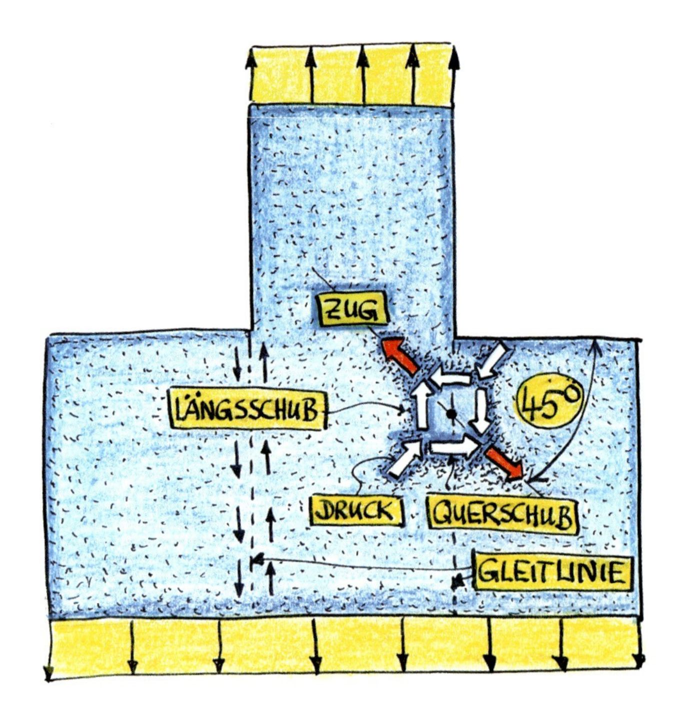

WARUM ABER KÖNNEN WIR UNTEN MIT DEM 45°-WINKEL ZUFRIEDEN SEIN? STELLT MAN SICH DIE GLEITLINIEN VOR, SO LASSEN SICH AUS DEM "DREHBAR AUFGENAGELTEN VIERECK" LÄNGS- UND QUERSCHUB ABLEITEN. DIE ROTEN PFEILE SIND WIEDER DIE DEM SCHUB ZUGEORDNETEN HAUPTZUGSPANNUNGEN UND IN KERBNÄHE SIND DIESE ETWA 45° ZUR BALKENACHSE GENEIGT. 45° SIND SOMIT EIN GUTER VORSCHLAG FÜR DEN UNTEREN AUSLAUF DER ZUGDREIECKE. ABER NUR FÜR DIESE ZUGRICHTUNG.

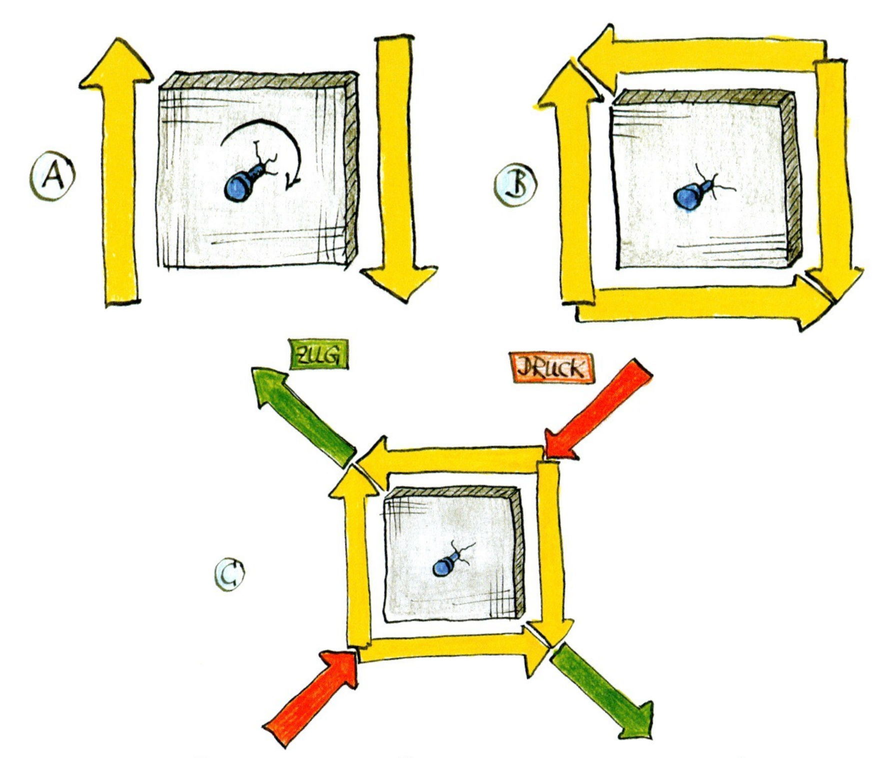

ZUR NACHTRÄGLICHEN ERKLÄRUNG DES UNTEREN 45°-GRENZWINKELS: DENKT MAN SICH EIN DREHBARES VIERECK UNTER LÄNGSSCHUBBELASTUNG **(A)**, SO DREHT ES. WIRKEN GLEICH GROßE QUERSCHUBSPANNUNGEN **(B)** ENTGEGEN, SO DREHT ES NICHT. DA INS BAUTEIL HINEINGEDACHTE SCHUBVIERECKE NICHT ROTIEREN, IST LÄNGSSCHUB=QUERSCHUB. DIESEN SCHUBSPANNUNGEN GLEICHWERTIG SIND UM 45° VERSETZTE ZUG- UND DRUCKSPANNUNGEN **(C)**.

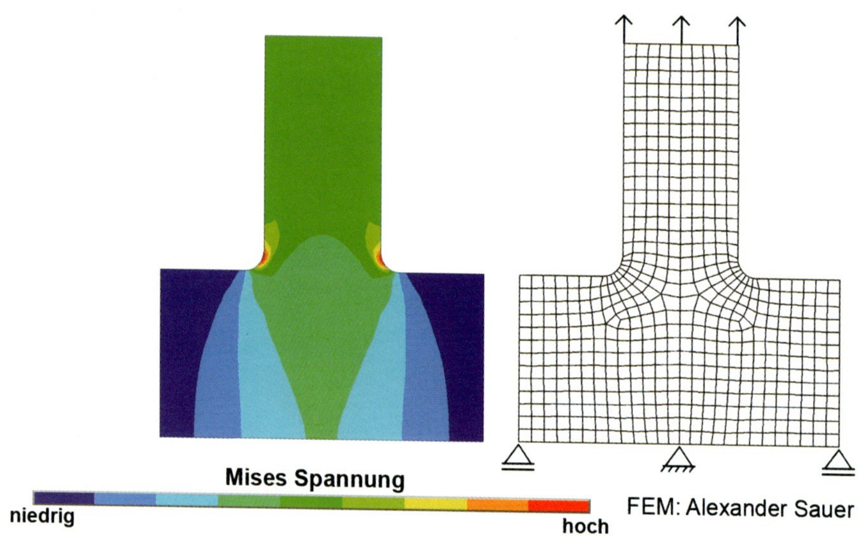

DIE FINITE-ELEMENTE-METHODE (FEM) ZERLEGT EIN BAUTEIL IN ENDLICHE (FINITE) ELEMENTE UND ARBEITET NACH EXTREMAL-PRINZIPIEN DER MECHANIK. SIE ERLAUBT ES, MIT MARKTÜBLICHER FEM-SOFTWARE AUCH KOMPLEX BERANDETE UND BELASTETE BAUTEILE EINER SPANNUNGSANALYSE ZU UNTERZIEHEN, ALSO SPANNUNGEN ZU BERECHNEN, DIE MAN ANALYTISCH, ALSO MIT FORMELN NICHT MEHR BERECHNEN KANN. DIE METHODE IST ER-FOLGREICH, WEIT VERBREITET, ERFORDERT ABER SOFTWARE, COMPUTER, INGENIEUR-KNOWHOW UND ZEIT! AUCH AUF AL-LEN NACHFOLGENDEN SPANNUNGSPLOTS SIND BLAUE BEREICHE MINDERBELASTETE FAULPELZE UND ROT-GELBE BEREICHE HOCH-BELASTETE SCHWERSTARBEITER.

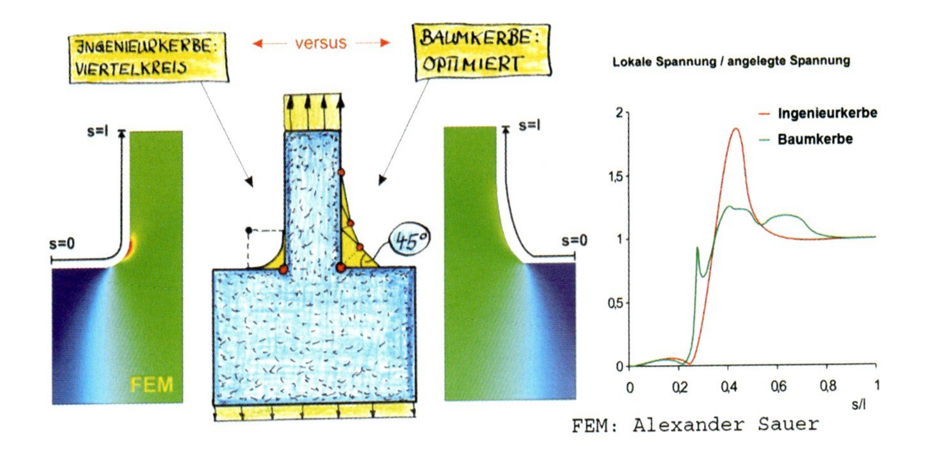

FEM: Alexander Sauer

MIT DER FINITE-ELEMENTE-METHODE FÜHREN WIR NUN DEN ERFOLGSNACHWEIS FÜR DIE BAUTEILOPTIMIERUNG MIT ZUGDREIECKEN. DAZU BERECHNEN WIR DIE SPANNUNGEN IN EINER WELLENSCHULTER. DIE LINKE KERBE ZEIGT DEN VIERTELKREISÜBERGANG, WIE IHN INGENIEURE ZUMEIST NOCH MACHEN. DIE RECHTE KERBE IST MIT ZUGDREIECKEN AUSGERUNDET. LINKS SIEHT MAN DEUTLICH DEN ROTEN FARBKLECKS DER KERBSPANNUNG, DER IN DER OPTIMIERTEN KERBE WEG IST. AUCH DER SPANNUNGSPLOT ZEIGT DEN ABBAU DER KERBSPANNUNGSSPITZE DER INGENIEURKERBE.

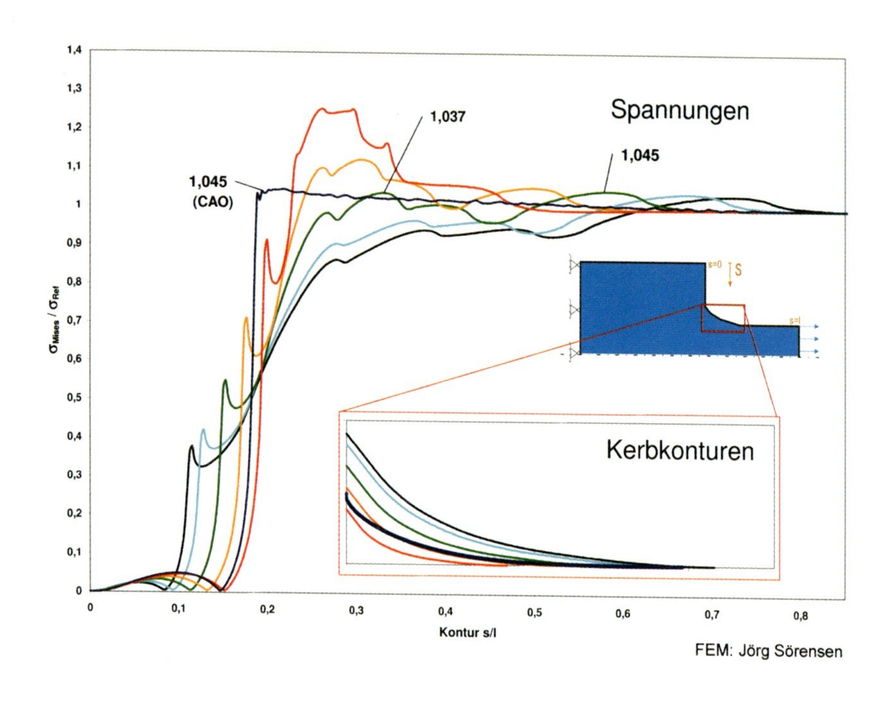

EINE HÄUFIGE FRAGE IST: WIE BREIT MUSS DAS ERSTE ZUGDREIECK SEIN? SO BREIT WIE MÖGLICH! MANCHMAL HAT MAN DER FUNKTION WEGEN KEINEN PLATZ FÜR EINEN BREIT ANGELEGTEN START. MEIN MITARBEITER JÖRG SÖRENSEN HAT DEN EINFLUSS DES SEITLICHEN BAURAUMES BERECHNET. FAZIT: EINE VERDOPPLUNG DES SEITLICHEN BAURAUMES BRINGT NUR CA. 20% GERINGERE MAXIMALSPANNUNGEN. ALSO MACHT AUCH EINE KLEINE, ABER OPTIMALE KERBE DURCHAUS NOCH SINN.

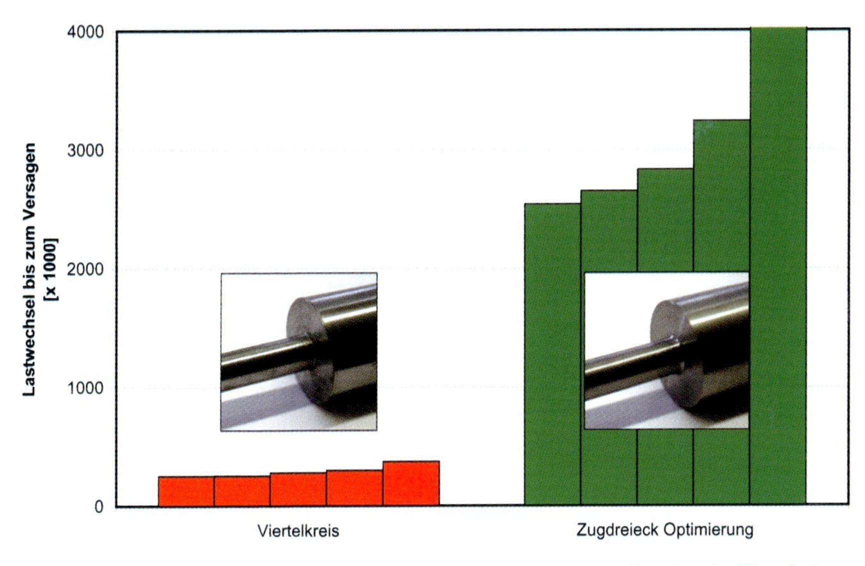

PROTOTYPEN DER WELLENSCHULTER WERDEN AM DICKEN ENDE EINGESPANNT UND AM DÜNNEN ENDE MIT VIELEN LASTSPIELEN SCHWELLENDER BIEGUNG BELASTET. IM LABORVERSUCH HIELTEN DIE MIT ZUGDREIECKSMETHODE OPTIMIERTEN WELLENSCHULTERN AUS STAHL IM MITTEL FAST 10-FACH MEHR BIEGESCHWINGUNGEN AUS ALS DIE WELLENSCHULTERN MIT VIERTELKREISKERBE GLEICHEN SEITLICHEN BAURAUMES. DAMIT WURDE DER ERFOLG DER ZUGDREIECKSOPTIMIERUNG NICHT NUR RECHNERISCH MIT FEM, SONDERN AUCH EXPERIMENTELL NACHGEWIESEN.

DIE BÄUME WAREN DER IDEENGEBER FÜR DIE METHODE DER ZUG-DREIECKE, DIE, WIE WIR NOCH SEHEN WERDEN, KERBFORMEN IN VIELEN BEREICHEN DER NATUR MIT UNGLAUBLICHER TREFFSI-CHERHEIT BESCHREIBT. NICHT IMMER ENDEN AM STAMMFUß DIE QUERSCHNITTSVERBREITERUNGEN SO OPTIMAL MIT 45°. IST DIE ERDE WEICH UND EINE HORIZONTALWURZEL EHER STAMMFERN VERANKERT, DANN GIBT ES ZWEIACHSIGE BELASTUNG, VERGA-BELUNGEN, AUF DIE WIR SPÄTER KOMMEN!

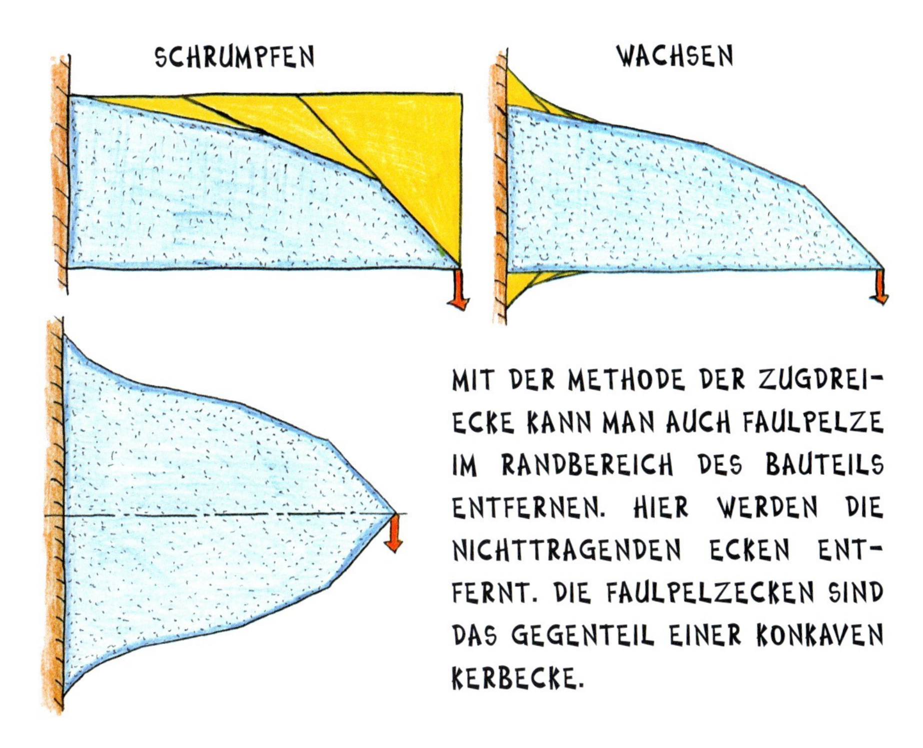

MIT DER METHODE DER ZUGDREIECKE KANN MAN AUCH FAULPELZE IM RANDBEREICH DES BAUTEILS ENTFERNEN. HIER WERDEN DIE NICHTTRAGENDEN ECKEN ENTFERNT. DIE FAULPELZECKEN SIND DAS GEGENTEIL EINER KONKAVEN KERBECKE.

MAN KANN SICH DAS WIE EIN SCHRUMPFEN UNTERBELASTETER BEREICHE VORSTELLEN. DAS KENNEN DIE BÄUME NICHT, WOHL ABER DIE FRESSZELLEN DER KNOCHEN. DAS ERSTE 45°-DREIECK KANN MAN WIEDER MIT UNSEREM SCHUBVIERECK ERKLÄREN. RECHTS OBEN WURDEN NOCH DIE KERBSPANNUNGEN AN DER EINSPANNUNG MIT ZUGDREIECKEN WEGOPTIMIERT. DIE OBERE KONTUR KANN AUCH FÜR MITTIGE LASTEINLEITUNG SYMMETRISCH OPTIMIERT WERDEN, WIE DER KURZE UNTERE BIEGEBALKEN ZEIGT.

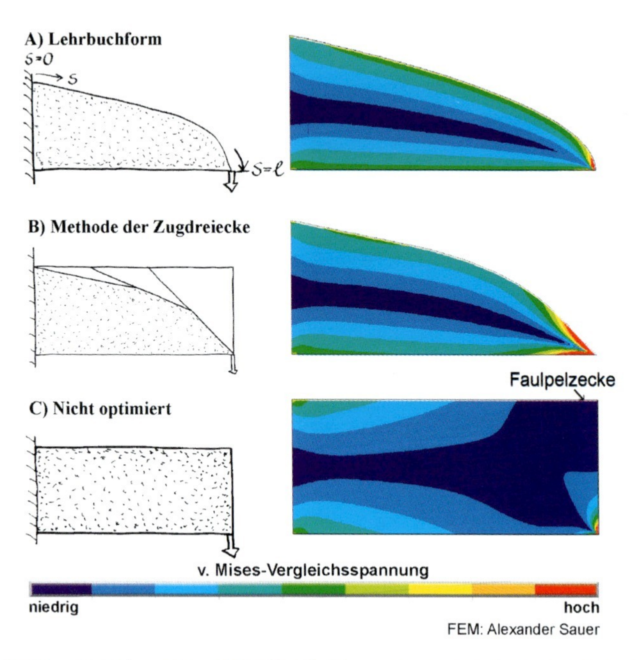

DIESE FINITE-ELEMENTE RECHNUNG ZEIGT DEN ERFOLG DER METHODE DER ZUGDREIECKE BEIM ENTFERNEN VON FAULPELZEN. DAS OBERSTE MODELL IST EINE VERGLEICHSRECHNUNG, DENN FÜR DIESEN BIEGEBALKEN GIBT ES AUCH EINE HANDBUCHFORMEL, DIE DIE KONTUR BESCHREIBT. DAS MITTLERE MODELL IST MIT DER METHODE DER ZUGDREIECKE KONSTRUIERT WORDEN. ES ZEIGT WIE DAS OBERE MODELL EINE GUT GLEICHMÄẞIGE SPANNUNGSVERTEILUNG, AUẞER AM LASTANSATZ, WO DIE FEM-METHODE IMMER ROTE FLECKEN LIEFERT. DEUTLICH SIEHT MAN DIE DUNKELBLAUEN FAULPELZE IM UNTEREN NICHT OPTIMIERTEN BIEGEBALKEN.

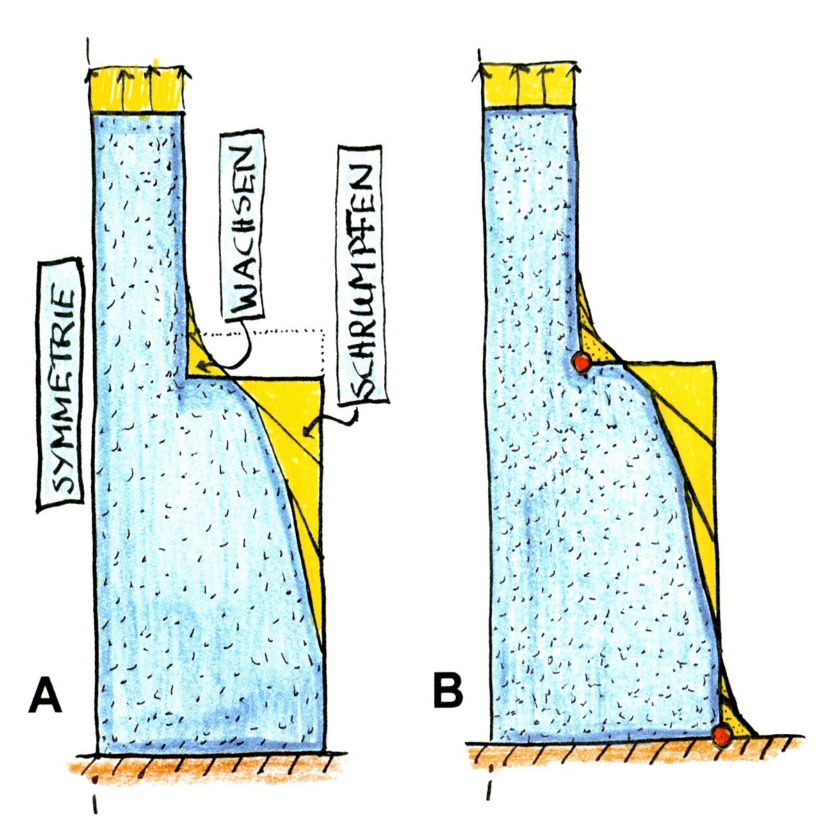

AUCH DIE SCHON BESCHRIEBENE WELLENSCHULTER KANN WACHSEN UND SCHRUMPFEN (A), WENN ES DIE EINSATZANFORDERUNGEN ERLAUBEN. STÖRT EINEN NOCH DIE KLEINE KERBE AN DER SCHRAFFIERTEN EINSPANNUNG, SO KANN DIESE SCHNELL MIT DER METHODE DER ZUGDREIECKE FORMOPTIMIERT WERDEN (B).

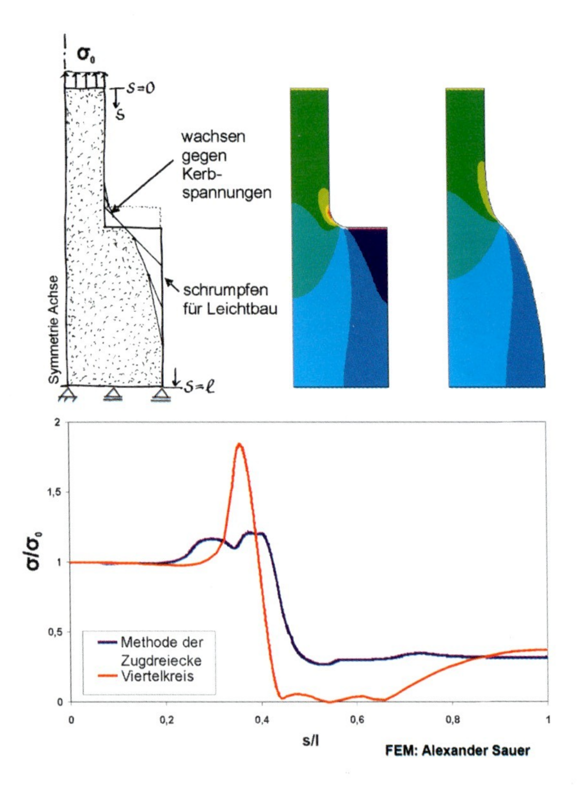

DIE FINITE-ELEMENTE-ANALYSE LIEFERT AUCH HIER DEN BEWEIS. DIE MIT KLASSISCHER VIERTELKREISKERBE AUSGERUNDETE WELLENSCHULTER (ROTE KURVE) HAT SOWOHL EINE HOHE KERBSPANNUNG ALS AUCH DEUTLICH UNTERBELASTETE BEREICHE. DIE MIT DER ZUGDREIECKSMETHODE OPTIMIERTE WELLENSCHULTER ERGIBT DIE BLAUE KURVE, DIE NAHE DER IDEALEN STUFENFORM LIEGT. BAUTEILOPTIMIERUNG REIN GRAPHISCH!

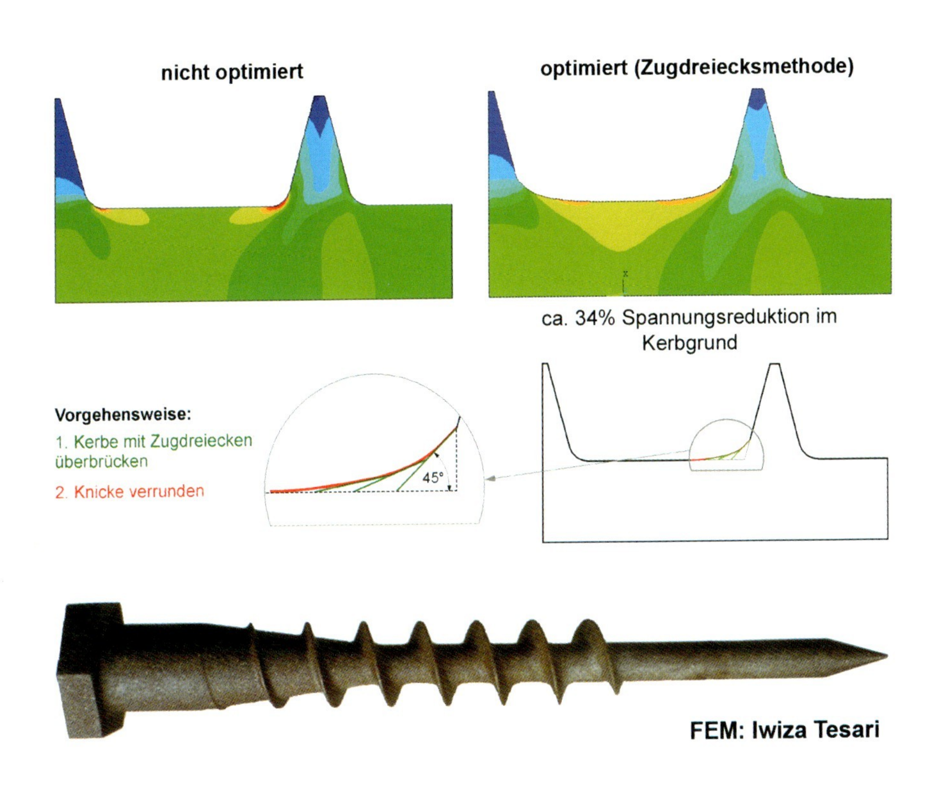

DIESE MIT DER TASCHENRECHNERMETHODE OPTIMIERTE SCHRAUBE KONNTE BEI GERINGEREM AUFWAND MIT DER ZUGDREIECKSMETHODE REPRODUZIERT WERDEN (SIEHE: C. MATTHECK, WARUM ALLES KAPUTT GEHT).

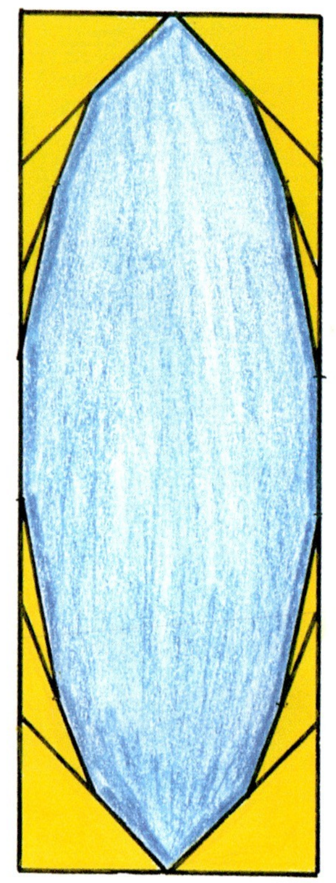

EINEN EMPÖRUNGSSCHREI IN DER KÖRPERSPRACHE DER BÄUME GIBT DIESE PAPPEL VON SICH: ICH WILL KEIN KREISLOCH SONDERN EINE SPINDELFORM! DIE ZUGDREIECKSMETHODE, AUSGEHEND VON EINER EINHÜLLENDEN RECHTECKKERBE, FINDET EINE ÄHNLICHE LOCHKONTUR.

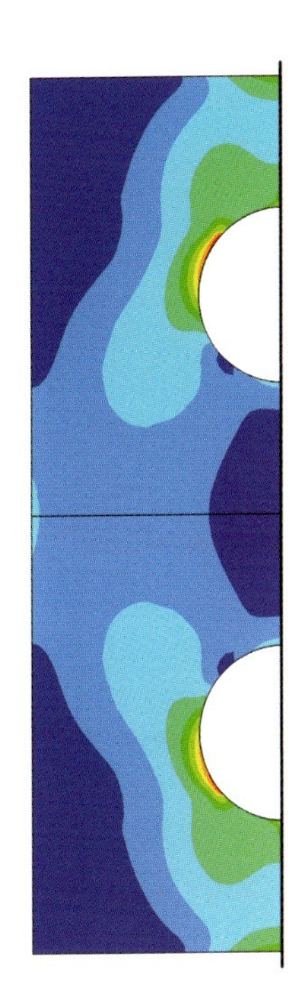

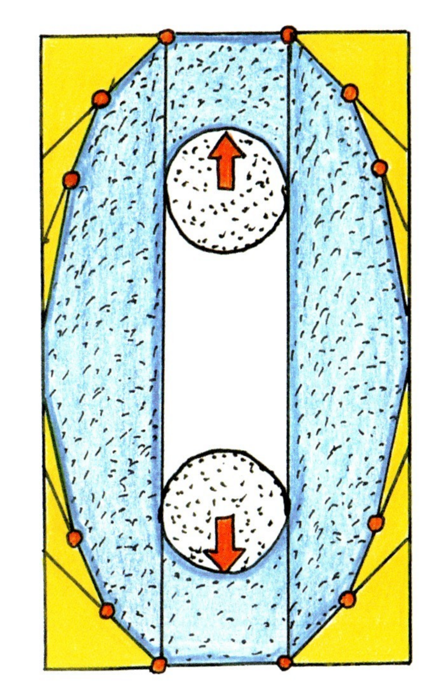

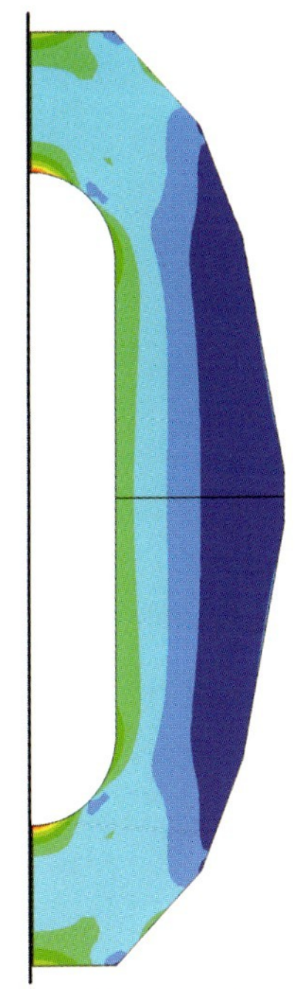

FEM: Jörg Sörensen

WENN ZWEI BAYRISCHE FINGERHAKLER AN EINER RECHTECKIGEN PLATTE ZIEHEN, ERGIBT SICH EIN LEICHTBAUVORSCHLAG FÜR EINE KETTENGLIEDARTIGE STRUKTUR. DIE FEM-SPANNUNGSPLOTS ZEIGEN DEUTLICH DAS VERSCHWINDEN VIELER DUNKELBLAUER FAULPELZE IM LEICHTBAUDESIGNVORSCHLAG.

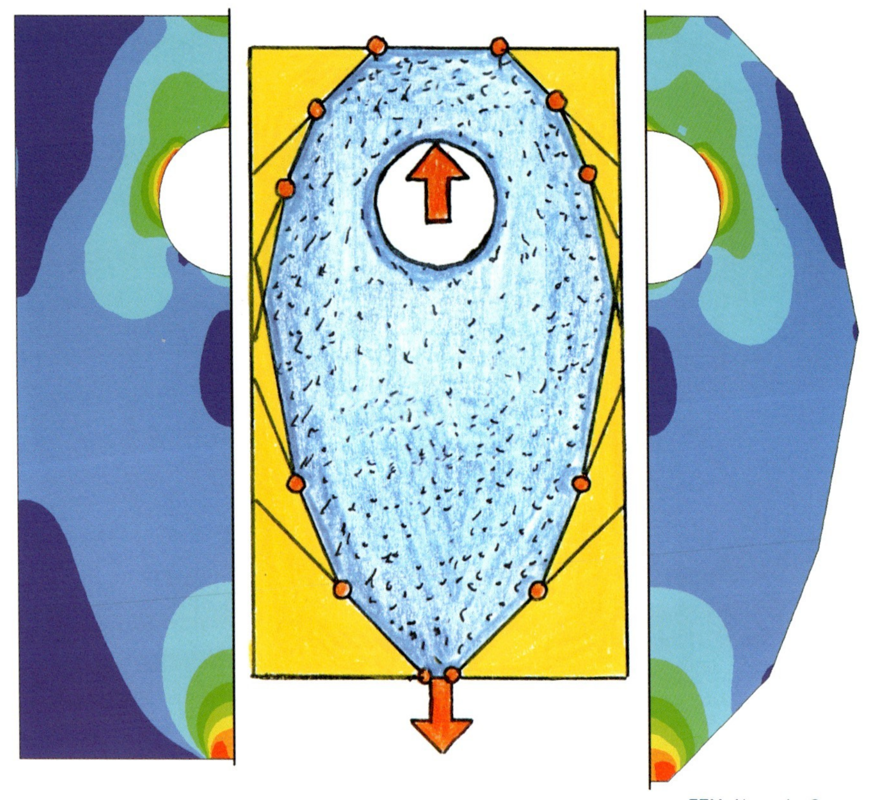

FEM: Alexander Sauer

GIBT ES EINEN FINGERHAKLER AM RECHTECK UND AUF DER ANDEREN SEITE ZIEHT MAN DEM RECHTECK DIE NASE LANG, ERGIBT SICH DIESER LEICHTBAUVORSCHLAG UND WIEDER SIND DIE SCHLIMMSTEN FAULPELZE ENTFERNT.

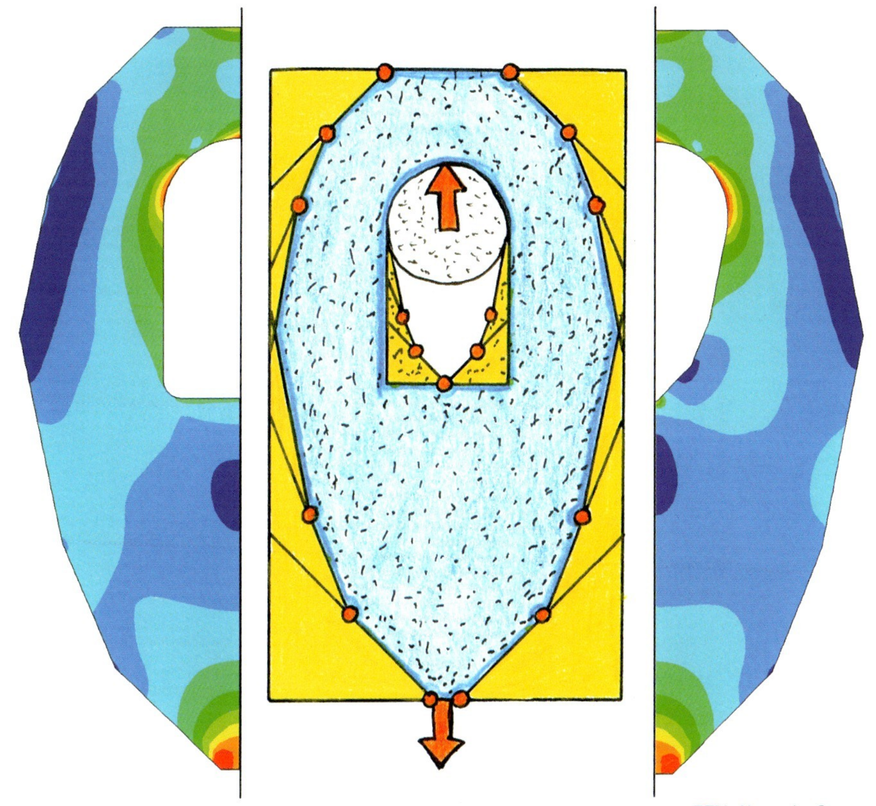

FEM: Alexander Sauer

GIBT MAN DEM BAUTEIL EINEN AUS FUNKTIONELLEN GRÜNDEN TEILS HALBKREISFÖRMIG, TEILS RECHTECKIG BERANDETEN INNENRAUM, SO BLEIBT DIE ÄUßERE KONTUR GLEICH WIE ZUVOR. DER INNENRAUM WÄCHST MIT ZUGDREIECKEN IN EINE KOMBINATION AUS HALBKREIS UND HALBSPINDELFORM.

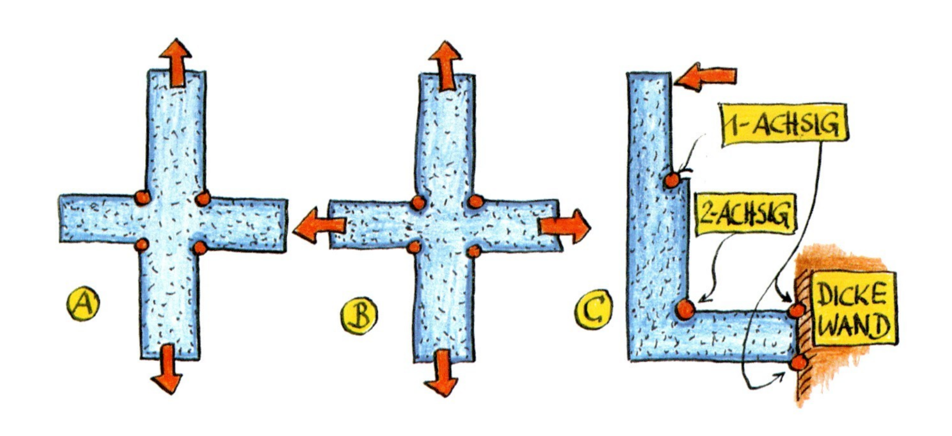

BISLANG HABEN WIR NUR KERBEN UNTER EINACHSIGER BELASTUNG OPTIMIERT **(A)**. NACHFOLGEND WOLLEN WIR ZWEIACHSIG **(B)** BELASTETE KERBFORMEN VERBESSERN. ÜBRIGENS KÖNNEN IM SELBEN BAUTEIL KERBEN EINACHSIG UND ANDERE ZWEIACHSIG BELASTET WERDEN **(C)**. IST DIE WAND, AN DER DER WINKELHEBEL HÄNGT DÜNN UND SOMIT SELBST BIEGEBELASTET, SO MUSS AUCH DIE ANBINDUNG DES HEBELS ZWEIACHSIG OPTIMIERT WERDEN, BEI DICKER WAND NUR EINACHSIG.

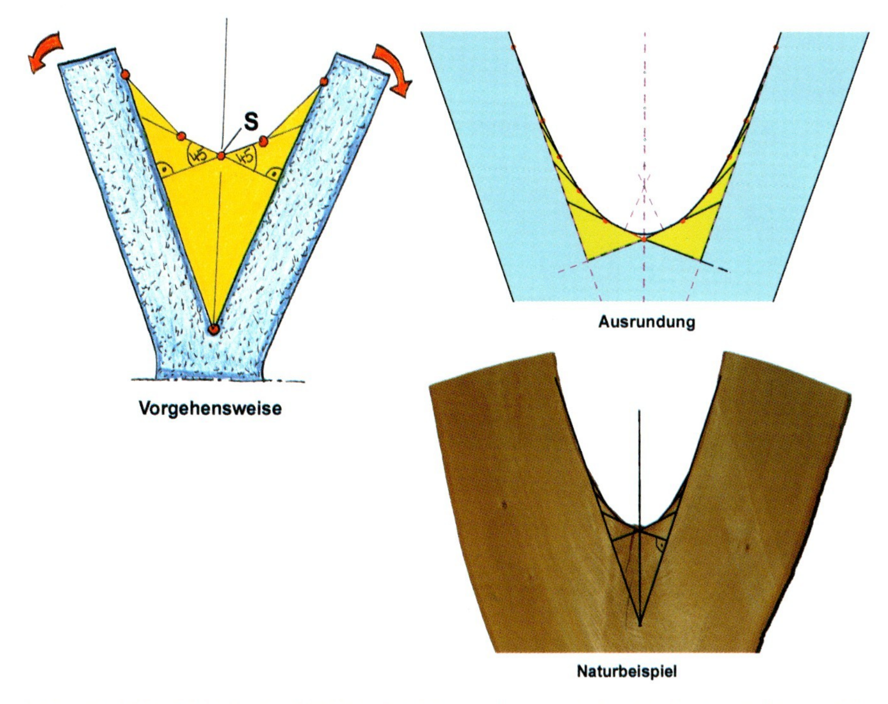

Vorgehensweise

Ausrundung

Naturbeispiel

BEI ZWEIACHSIGER BELASTUNG MUSS MAN DEN BEZUG ZUR WELLENSCHULTER HERSTELLEN. WENN DIE BELASTUNG DIESER BAUMGABEL BEIDSEITIG GLEICH GROß IST, FÄLLEN WIR VON DER WINKELHALBIERENDEN DAS LOT JEWEILS AUF DIE HEBEL UND HABEN DAMIT WIEDER JE EINE WELLENSCHULTER, AUF DIE WIR UNSERE ZUGDREIECKE AUFMAUERN UND SCHLIEßLICH DIE ECKEN AUSRUNDEN. DEN PUNKT S LEGEN WIR WILLKÜRLICH FEST. MAN SOLLTE IHN LIEBER NACH OBEN SCHIEBEN, UND DAMIT DEN BAURAUM VERGRÖßERN, WENN DIE FUNKTION ES ERLAUBT.

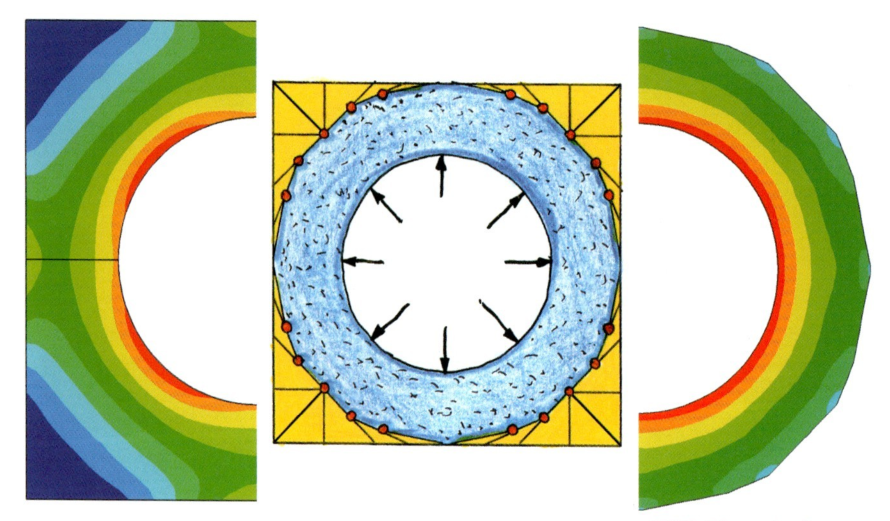

FEM: Alexander Sauer

EINE ZENTRISCHE BOHRUNG SOLL IN EINEM QUADRAT AUF INNENDRUCK BELASTET WERDEN. DEUTLICH SIEHT MAN DIE BLAUEN FAULPELZECKEN IM NICHT OPTIMIERTEN DESIGNVORSCHLAG (LINKS). MAN WÄHLT DIE ERSTEN ZUGDREIECKE SO, DASS UNSERE GELIEBTEN DREI ZUGDREIECKE EINE HALBE QUADRATSEITE AUSFÜLLEN. DANACH LEGT MAN DIE WANDSTÄRKE DES SO ENTSTANDENEN ROHRES FEST. DIE SPANNUNG IM NOCH ETWAS ECKIGEN LEICHTBAUDESIGN IST SCHON FAST SO GUT WIE IM AUSGERUNDETEN ROHR. VON DER WINKELHALBIERENDEN EINER JEDEN ECKE GEHEN WIR AUS, WEIL ES ZWEIACHSIGER ZUG IST.

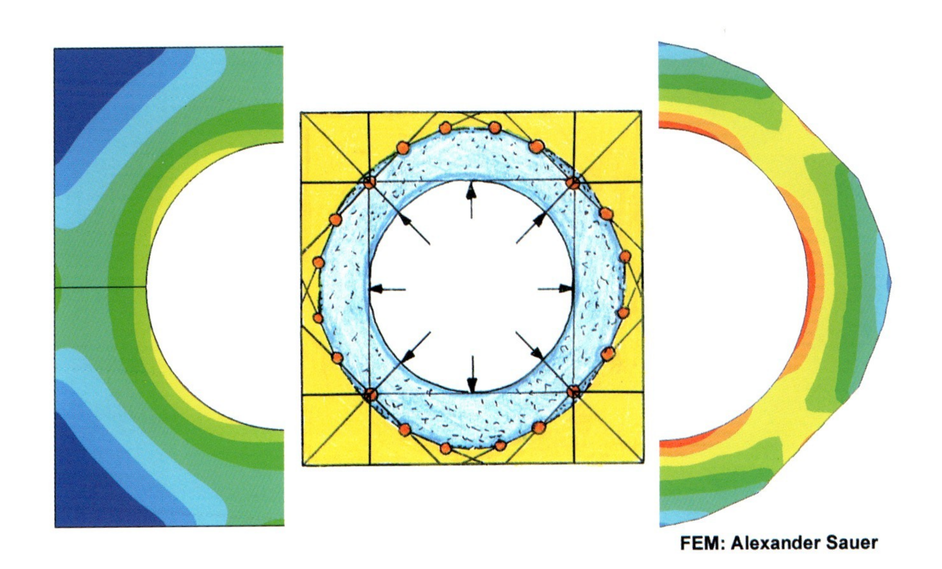

FEM: Alexander Sauer

WÄHLT MAN DIE ERSTEN ZUGDREIECKE ZU GROß, SO DASS NUR ETWA ZWEI AUF DIE HALBE QUADRATLÄNGE PASSEN, SO IST DAS LEICHTBAUDESIGN ETWAS ECKIGER UND MAN ERHÄLT ZIEMLICH UNTERSCHIEDLICHE WANDSTÄRKEN. LUSTIG IST, DASS MAN INNEN AM ORTE DICKSTER ROHRWAND DIE HÖCHSTEN SPANNUNGEN HAT. ERKLÄRUNG: DIE DÜNNWANDIGEN ZWISCHENSTÜCKE ERFAHREN ÜBERLAGERTE BIEGUNG FAST WIE ELASTISCHE GELENKE, DEREN DRUCKSEITE DIE ZUGSPANNUNGEN AUF DER ROHRINNENWAND LOKAL MINDERT.

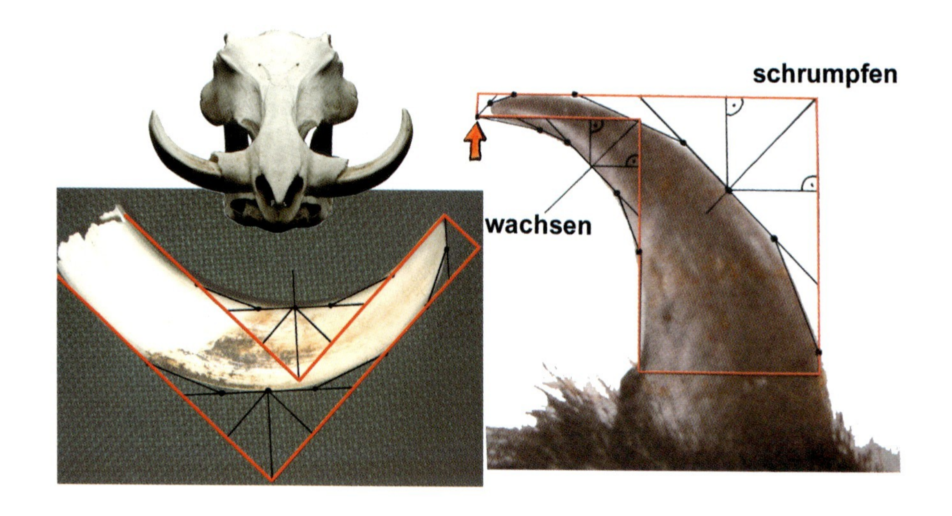

BEI DER KRALLE DES SCHWARZBÄREN (RECHTS) STARTEN WIR MIT EINEM HAKENFÖRMIGEN DESIGNVORSCHLAG BESTEHEND AUS ZWEI RECHTECKEN (ROT). DIE KONKAVE SEITE DES HAKENS IST ÜBERLASTET WEGEN DER KERBSPANNUNGEN IN DER ECKE UND MUSS WEGEN DER ANGESTREBTEN GLEICHFÖRMIGEN SPANNUNGS-VERTEILUNG SYMMETRISCH ZUR WINKELHALBIERENDEN WACHSEN. DIE ENORM UNTERBELASTETE KONVEXE ECKE MUSS ENTSPRECHEND SYMMETRISCH SCHRUMPFEN. GENAUSO GEHEN WIR BEIM HAUER DES WARZENSCHWEINES (LINKS) VOR. DIE SCHRUMPFENDE KONVEXE FAULPELZECKE IST SOMIT DAS GEGENSTÜCK (ANTI-KERBE) ZUR WACHSENDEN KONKAVEN KERBECKE - GLEICHSAM WIE CHRIST UND ANTICHRIST.

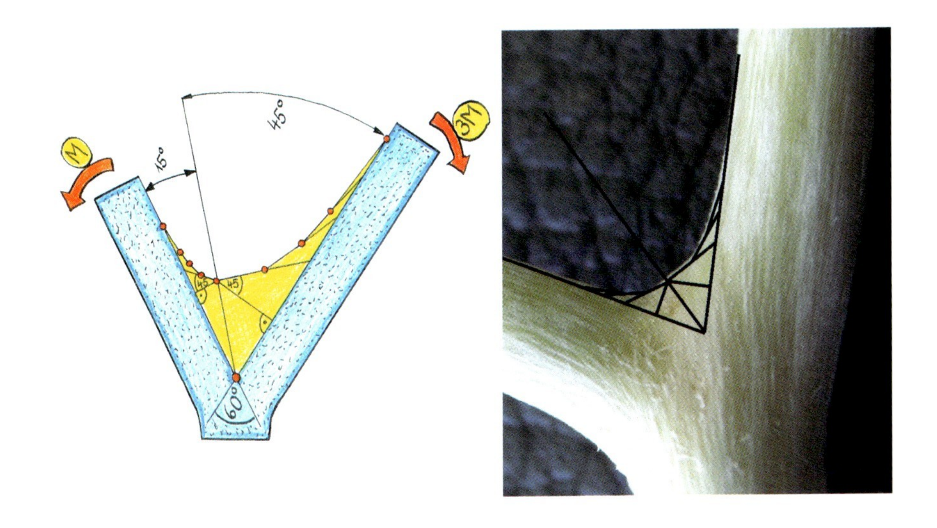

SCHIEFE ZWEIACHSIGE BELASTUNG:
WENN EIN GABELSCHENKEL HÖHER BELASTET IST ALS DER ANDERE, WAS DIE NATUR ZU VERMEIDEN VERSUCHT, DANN BRAUCHT DER SCHWERARBEITER NATÜRLICH AUCH MEHR BAURAUM. MAN VERSCHIEBT DIE WINKELHALBIERENDE IN RICHTUNG DES MINDERBELASTETEN SCHENKELS IM VERHÄLTNIS DER SPANNUNGEN. HIER SIND IM RECHTEN SCHENKEL DER ZEICHNUNG DIE SPANNUNGEN DREIMAL HÖHER - DAHER DIE WINKEL 45° UND 15°. BEI DER ABGEBILDETEN BAUMGABEL IST DER LASTUNTERSCHIED GERINGER. OFT IST DER PHOTOTROPISMUS URSACHE FÜR EINE STÖRUNG GLEICHFÖRMIGER BELASTUNG.

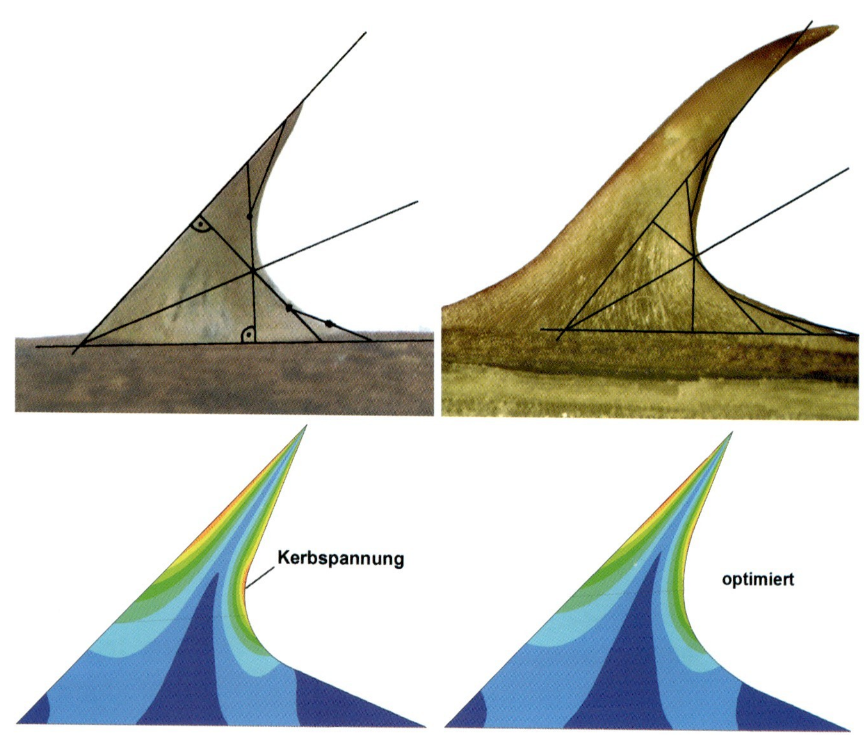

DURCH BETRACHTUNG BIOLOGISCHER STRUKTUREN (OBEN) KANN MAN AUS DER VERSCHIEBUNG DER WINKELHALBIERENDEN IN DIE EINE ODER ANDERE RICHTUNG AUF DIE HÖHE DER EINGELEITETEN BELASTUNG SCHLIEßEN, WIE HIER BEI DIESEN SCHÖNEN ROSEN-STACHELN. DIE FINITE-ELEMENTE-RECHNUNG (UNTEN) ZEIGT, DASS LOKALE SPANNUNGSSPITZEN IN DER NATUR VERMIEDEN WERDEN, WIE SIE BEIM MIT KLEINEM KREIS AUSGERUNDETEN DORN AUFTRETEN (LINKS UNTEN).

BLÄTTER MIT STEIFER BLATTSPREITE (ROTEICHE) ZWISCHEN DEN BLATTADERN HABEN OFFENBAR FORMOPTIMIERTE BUCHTEN (KERBEN), DIE MAN MIT DER METHODE DER ZUGDREIECKE GUT NACHVOLLZIEHEN KANN. EXTREM WEICHE BLÄTTER ROLLEN SICH BEI WIND SCHNELL EIN UND SIND IN ANDERER WEISE OPTIMIERT. DIE BELASTUNG DER BLÄTTER IST AUF SEITE 77 ERKLÄRT.

AUCH DIE BUCHTEN DES STEIFEN PLATANENBLATTES SIND GEGEN KERBSPANNUNGEN FORMOPTIMIERT UND LASSEN SICH MIT DER METHODE DER ZUGDREIECKE NACHVOLLZIEHEN.

Optimierung: Karlheinz Weber

DIE SEITENADERN DIESES WALNUSSBLATTES SIND ETWAS WENIGER BELASTET ALS DIE HAUPTADER, WIE DIE VERSCHIEBUNG DER WINKELHALBIERENDEN ZEIGT. DIE VERBINDUNG DÜRFTE PRAKTISCH KERBSPANNUNGSFREI SEIN. DAS PRINZIP DER ZUGDREIECKE SCHEINT SICH VOM STAMM ZUM AST, VOM BLATTRAND BIS ZUR BLATTADERVERZWEIGUNG ZU WIEDERHOLEN. EINE SELBSTITERATION DER NATUR!

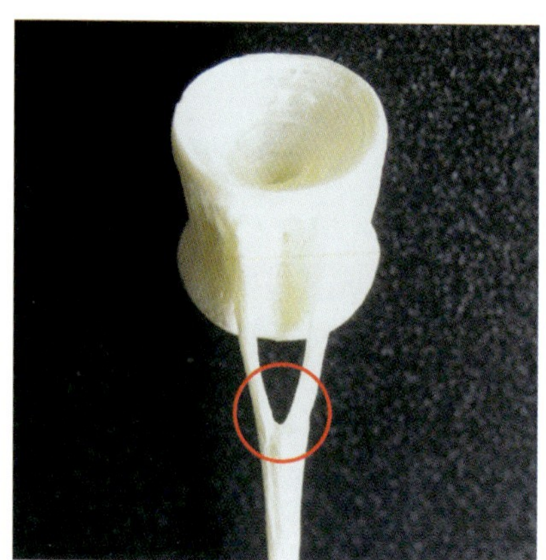

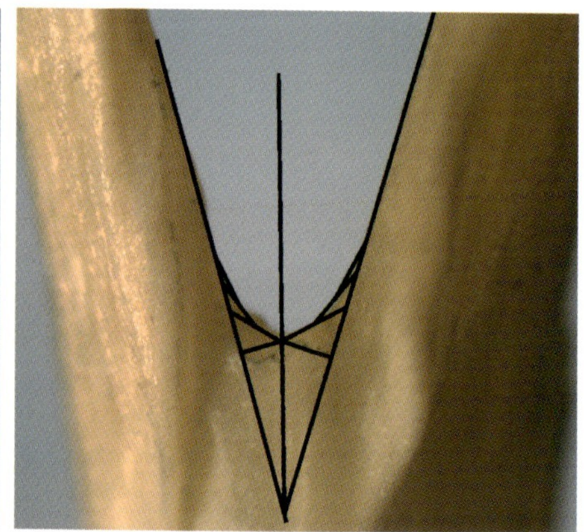

PRAKTISCH IDENTISCHE KONTUREN WIE BEI DEN BLÄTTERN ZEIGEN AUCH DIE HOLZIGEN KERBEN ZWISCHEN BAUMSTÄMMLINGEN UND ÄSTEN. DIE OPTIMALFORM IST ÜBER WEITE BEREICHE VOM WERKSTOFF UNABHÄNGIG UND GILT AUCH FÜR DIE GABEL AM WIRBELKÖRPER VON FISCHEN (UNTERE REIHE).

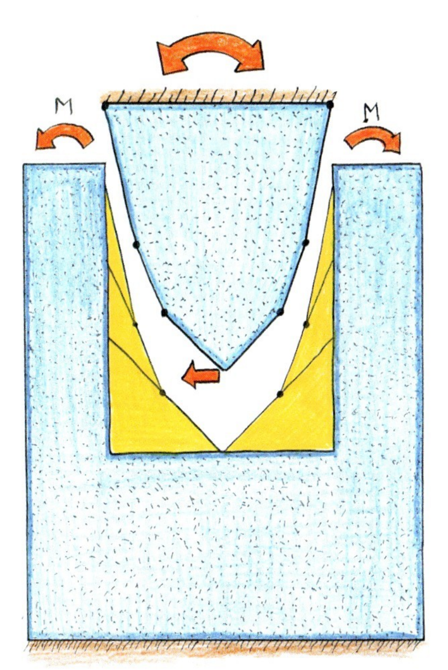

WENN DIE GABELHEBEL PARALLEL ZUEINANDER LIEGEN, STEHEN PRAKTISCH ZWEI BALKENSCHULTERN NEBENEINANDER. WIR KÖNNEN VON DER MITTE DER WAAGRECHTEN VERBINDUNGSLINIE AUSGEHEND SYMMETRISCH ZUGDREIECKE AUFMAUERN, WENN DIE BELASTUNG RECHTS UND LINKS GLEICH GROß IST. DAS GIBT EINE PRAKTISCH KERBSPANNUNGSFREIE GABELKERBE, WIE AUCH DIE FEM-ANALYSE IM VERGLEICH MIT DER KREISKERBE AUF DER NÄCHSTEN SEITE ZEIGT. DER OBEN EINGESETZTE KONUS IST FÜR BIEGUNG OPTIMIERT (S. 31). SEINE AUßENKONTUR IST OPTIMAL WIE DIE INNENKONTUR DER GABELECKE. SO KOMMT ZUSAMMEN WAS ZUSAMMEN GEHÖRT.

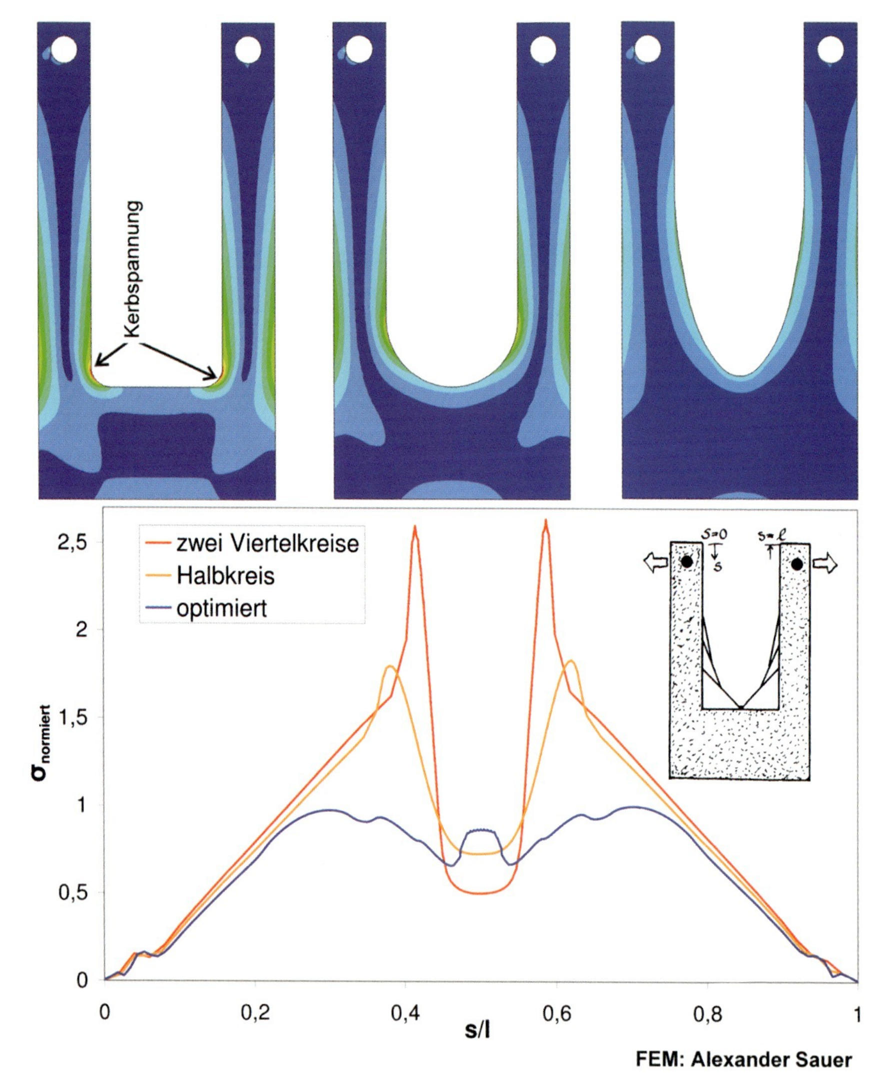
Kerbspannung
zwei Viertelkreise
Halbkreis
optimiert
2,5
2
1,5
1
0,5
0
σnormiert
0
0,2
0,4
0,6
0,8
1
s/l
s=0
s
s=ℓ
FEM: Alexander Sauer

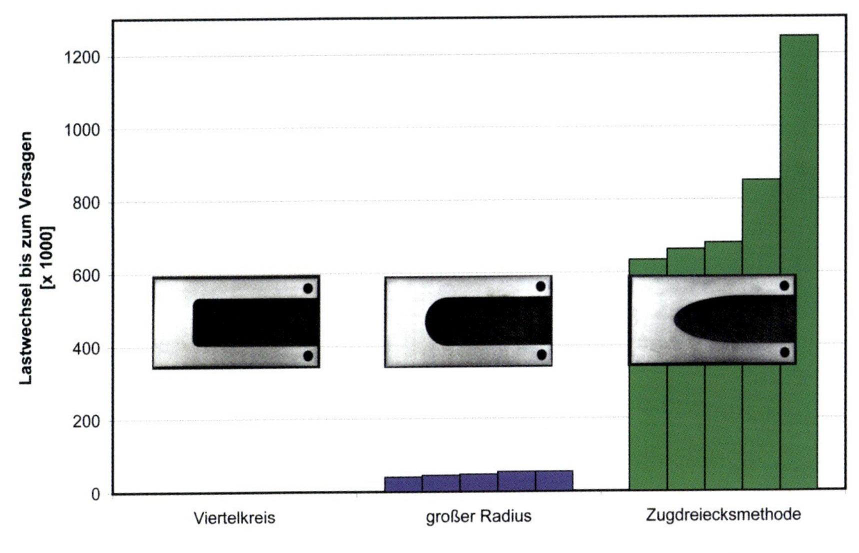

IM SCHWINGVERSUCH ZEIGTEN DIE OPTIMIERTEN STAHL-PROBEN EINE ÜBER 15-FACH HÖHERE LEBENSDAUER ALS DER HALBKREIS. DIE RECHTS UNTEN GEZEIGTE PROBENFORM (VIER-TELKREISE) VERSAGTE NACH WENIGEN LASTSPIELEN DURCH PLASTISCHE DEFORMATION.

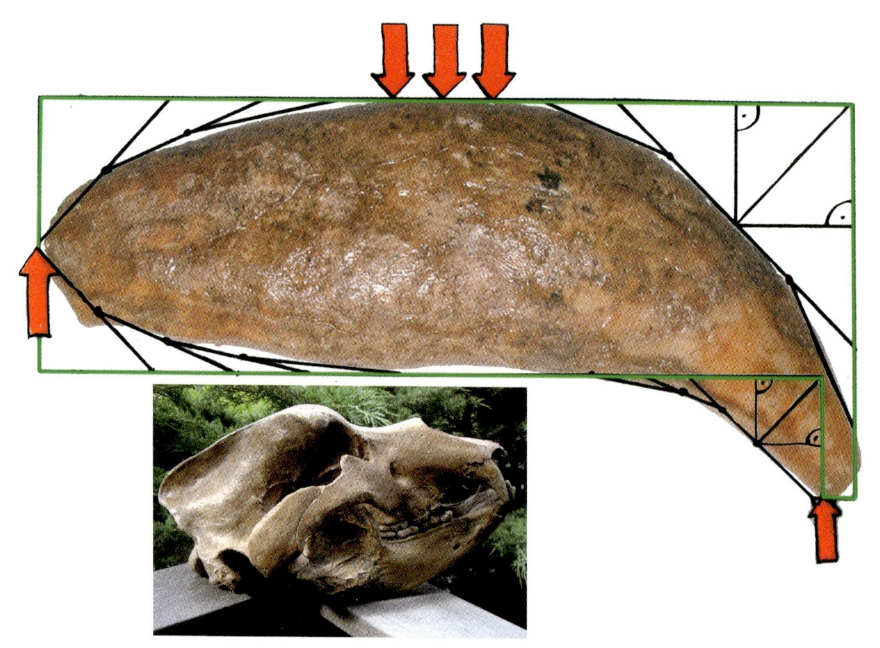

DIE HÖHLENBÄRZÄHNE - GANZ SCHÖN GROß FÜR EINEN VEGETARIER - SIND OPTIMIERT. WIE GEHABT SCHRUMPFEN WIR UNTERBELASTETE BEREICHE UND LASSEN DIE KONKAVE KERBE IM RECHTECKIGEN HAKEN-DESIGNVORSCHLAG (GRÜN) WACHSEN. IN BEIDEN FÄLLEN BENUTZEN WIR DIE WINKELHALBIERENDE, WEIL ES ZWEIACHSIGE BELASTUNG IST, DIE WEGEN DES AXIOMS KONSTANTER SPANNUNG GLEICH VERTEILT SEIN SOLL. ANDERS AM LINKEN ENDE, WO EINE QUERKRAFT EINACHSIGE BIEGEBELASTUNG EINLEITET. GUTE ÜBEREINSTIMMUNG MIT EINEM VIELLEICHT 400000 JAHRE ALTEN BEIßERCHEN.

OB BAUMGABEL ODER SCHAFSWIRBELKNOCHEN, DIE KERBFORMEN LASSEN SICH DURCH DIE GLEICHE KONSTRUKTIONSVORSCHRIFT ERKLÄREN: DIE METHODE DER ZUGDREIECKE!

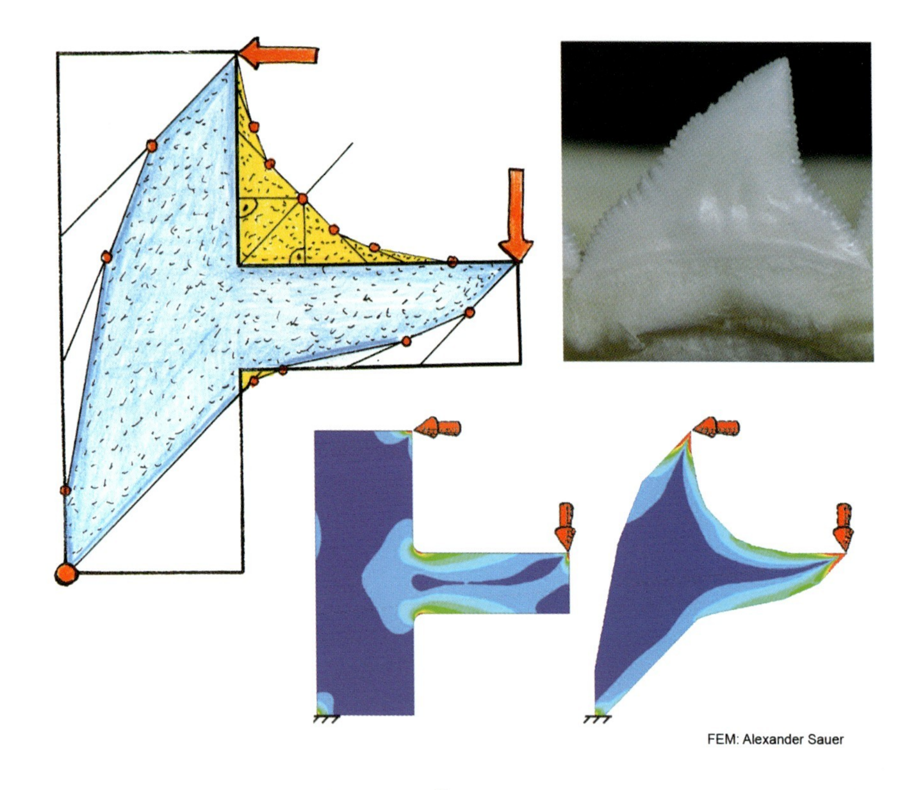

FEM: Alexander Sauer

EINE PHANTASIESTRUKTUR WÄCHST UND SCHRUMPFT UNGEFÄHR IN EINEN HAIFISCHZAHN, ZUFÄLLIG - WIE MEIN MITARBEITER ROLAND KAPPEL ENTDECKTE. DIE FEM-ANALYSE ZEIGT CA. **30%** GEWICHTSERSPARNIS UND CA. **50%** SPANNUNGSABBAU IM KERBGRUND VERGLICHEN MIT DEM AUSGANGSDESIGN. DARAUFHIN HABEN WIR EINEN RICHTIGEN HAI-ZAHN BETRACHTET.

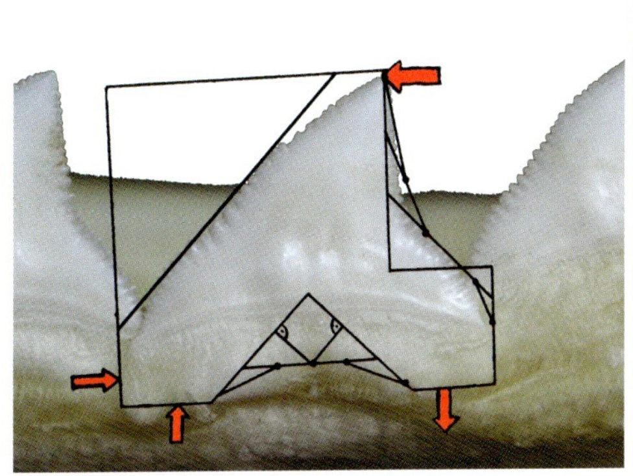

DIESER HAIFISCHZAHN IST EIN WEGWERFPRODUKT. IN MEHREREN REIHEN STEHEN SEINE NACHFOLGER SCHON SCHLANGE UND WARTEN, DASS DAS KURZZEITSKALPELL ENDLICH PLATZ FÜR DIE NACHFOLGER MACHEN MÖGE. EINE ECHTE OPTIMIERUNG MUSS MAN HIER NICHT ERWARTEN, WOHL ABER EINE UNGEFÄHRE OPTIMALFORM, DIE NICHT GLEICH BEIM ERSTEN EINSATZ EINEN ZAHNARZTTERMIN ERFORDERLICH MACHT. EINE GOOD-ENOUGH-LÖSUNG, DIE TROTZDEM EINE PEINLICHE WIRKUNG HABEN KANN.

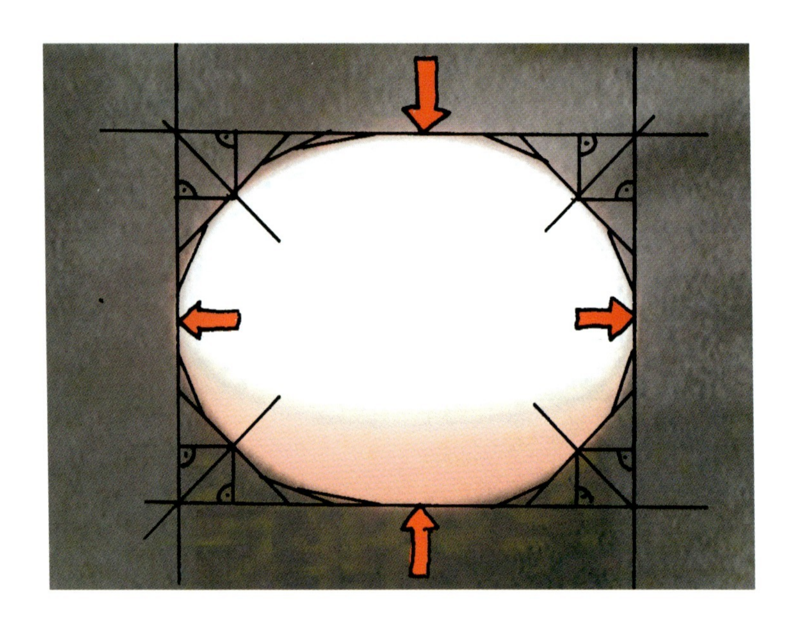

SOLLEN WIR UNS WIRKLICH UM UNGELEGTE EIER KÜMMERN? WENN JA – NUR ZUM SPAß! WENN DIE BETRIEBSBELASTUNG SO WÄRE, KÄME DIESES EI HERAUS. WIR HABEN NOCH KEINEN AUSFLUG IN DAS INNENLEBEN EINER GACKERNDEN HENNE GEMACHT. SO NEHMEN WIR DIESES BEISPIEL ALS VAGEN VERSUCH, DER DEN CHARAKTER EINER HYPOTHESE HAT UND MIT DEM NÄCHSTEN UNGELEGTEN EI WIDERLEGT WERDEN KANN, NICHT ZULETZT, WEIL DIES NUR EINE EBENE NÄHERUNG FÜR EINEN HOFFENTLICH ROTATIONSSYMMETRISCHEN KÖRPER IST.

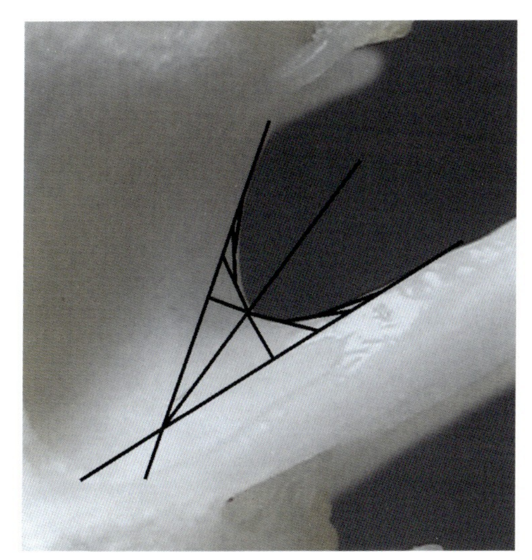

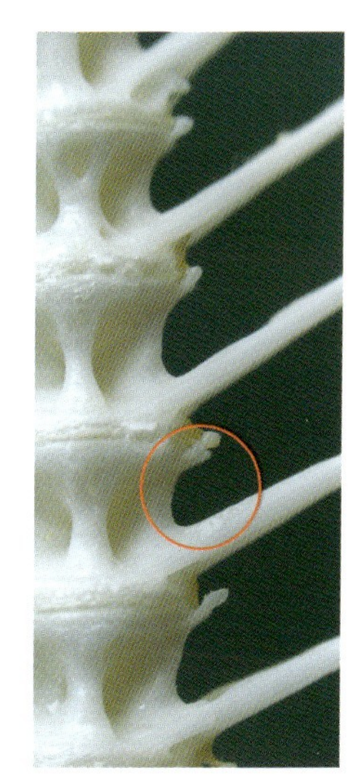

DIE WIRBELSÄULEN DER STUMMEN FISCHE HABEN OPTIMALE GRÄTENANBINDUNGEN UND AUßERDEM: JE SCHNELLER DER FISCH SCHWIMMT UND JE WENIGER FLEISCH DIE GRÄTE VERDECKT, UMSO MEHR IST DER 45°-WINKEL DAS OPTIMUM ZWISCHEN GRÄTE UND WIRBELSÄULENACHSE UND LÄSST SICH MIT DEM SCHUBVIERECK ERKLÄREN (SIEHE SEITE 72).

DER STACHEL DIESER SCHNECKE AUS ZUGSPRÖDEM, EHER DRUCKFESTEN WERKSTOFF IST FORMOPTIMIERT. ES GIBT KEIN ADAPTIVES WACHSTUM, WOHL KEINE MECHANOSENSOREN UND DOCH – IM LAUF DER EVOLUTION HABEN SIE GELERNT, WIE MAN DIE FRESSFEINDE AM PEINLICHSTEN ÄRGERT – UND WENN MAN SELBST DABEI DRAUFGEHT.

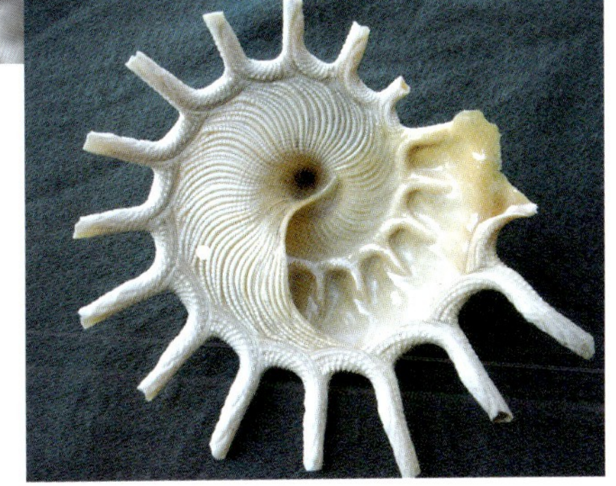

FORMOPTIMIERTE AUFLAGEFLÄCHE UND APPETITZÜGLER FÜR DIE FRESSFEINDE SIND AUCH DIE SPEICHEN DER MEERESSCHNECKE STELLARIA SOLARIS.

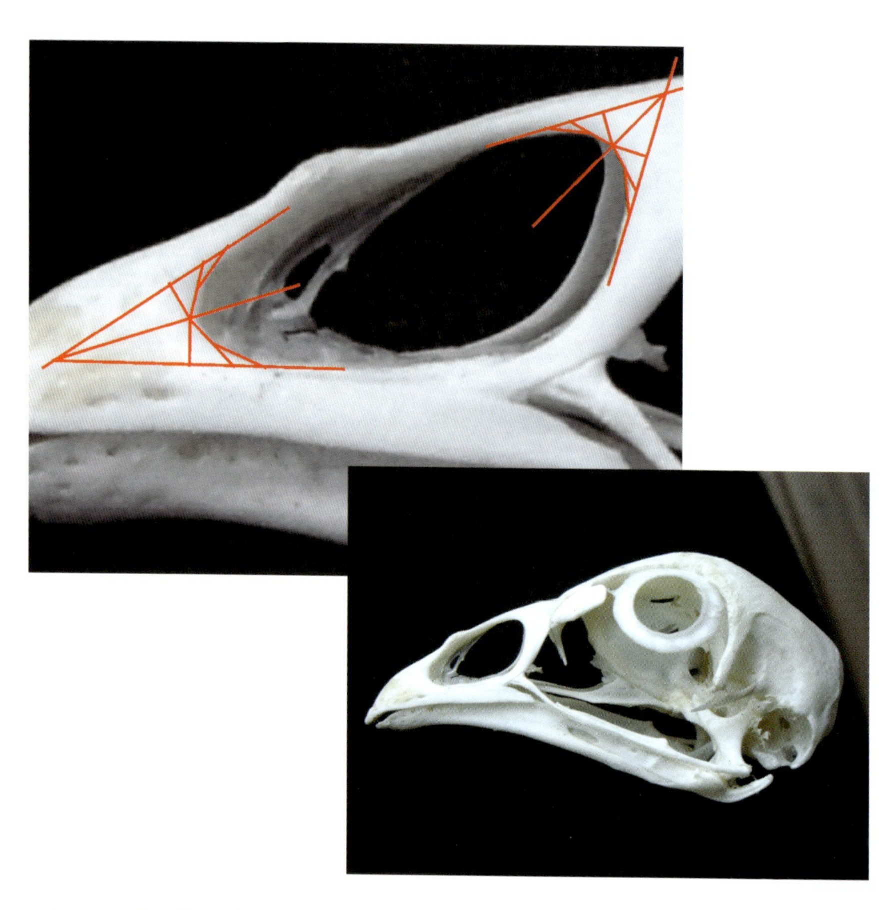

DER MUNTER PICKENDE VOGELSCHNABEL KOMMT AUF STOLZE LASTSPIELZAHLEN, AUCH WENN ES KEIN GROẞER BUNTSPECHT IST. DIE FORMOPTIMIERUNG DER INNENKERBEN IST DAHER EIN ÜBERLEBENSWICHTIGES MUSS!

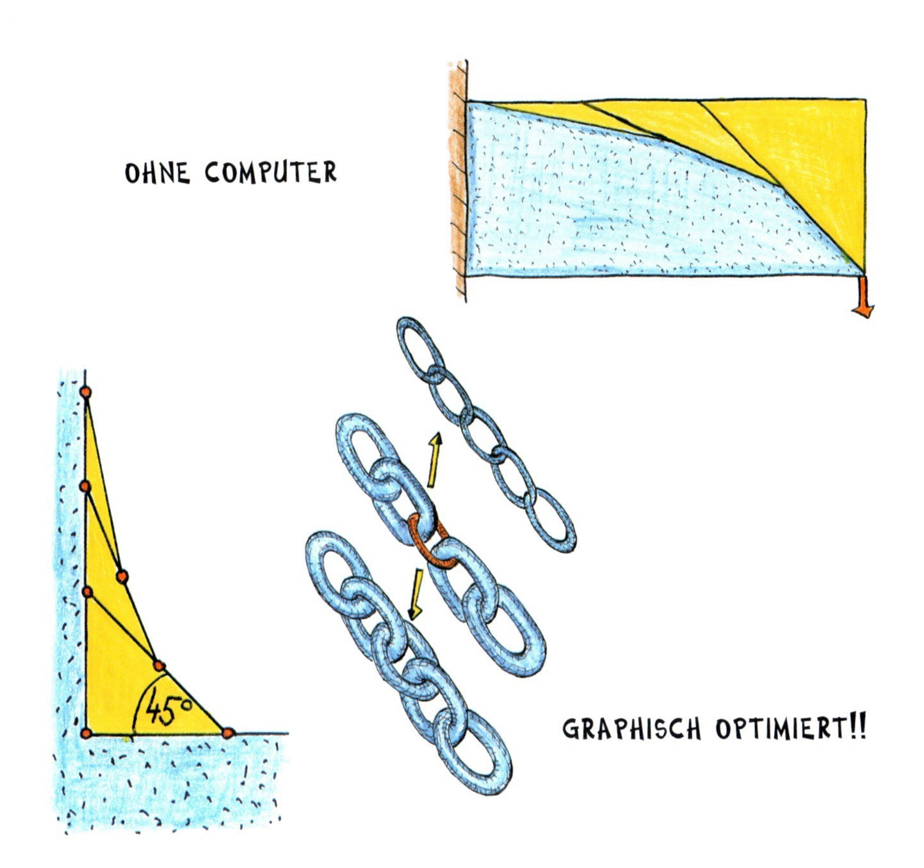

EINE KETTE MIT EINEM SCHWACHEN GLIED IST SYMBOL FÜR EINE FEHLKONSTRUKTION. MAN KANN DIESE JE NACH BELASTUNG DURCH WACHSTUM ODER DURCH SCHRUMPFEN VERBESSERN, AM EINFACHSTEN MIT DER METHODE DER ZUGDREIECKE, DIE KERBEN WACHSEN LÄSST UND FAULPELZECKEN (ANTIKERBEN) KILLT!

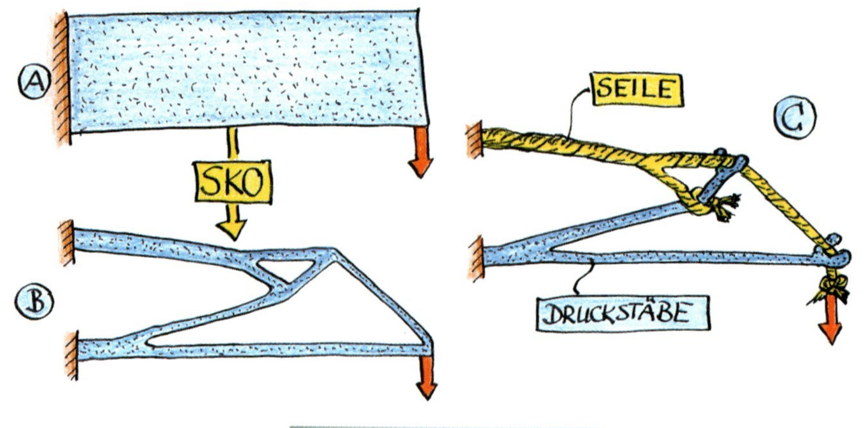

WENN KNOCHEN STÜHLE WÄREN...

DIE SKO-METHODE IST IN DER INDUSTRIE WEIT VERBREITET, ERFORDERT ABER COMPUTERMETHODEN, SOFTWARE UND HARDWARE. NACHFOLGEND WOLLEN WIR VERSUCHEN, NATÜRLICHE LEICHTBAUDESIGN-ENTWÜRFE REIN GRAFISCH OHNE COMPUTER ZU ERSTELLEN.

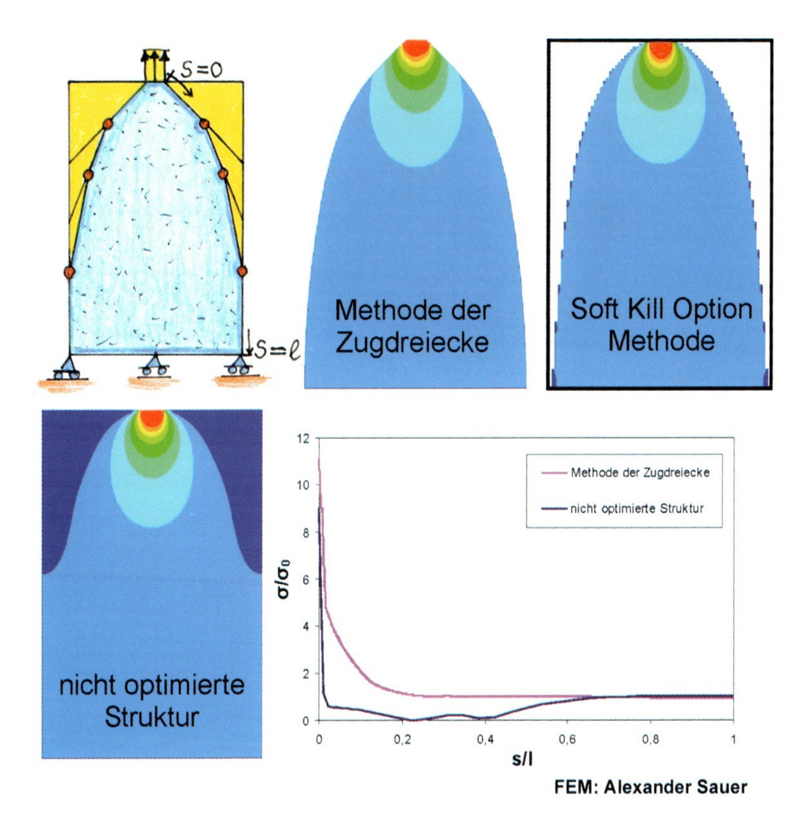

HIER WIRD EIN UNTEN EINGESPANNTES RECHTECK LOKAL ZUGBELASTET. DEUTLICH SIEHT MAN DIE BLAUEN FAULPELZECKEN IN DER NICHT OPTIMIERTEN STRUKTUR. DIE ZUGDREIECKE LIEFERN MIT WENIGER AUFWAND EINE ÄHNLICHE OPTIMALSTRUKTUR WIE DIE SKO-METHODE, DIE SPEZIELLE SOFTWARE UND COMPUTER ERFORDERT.

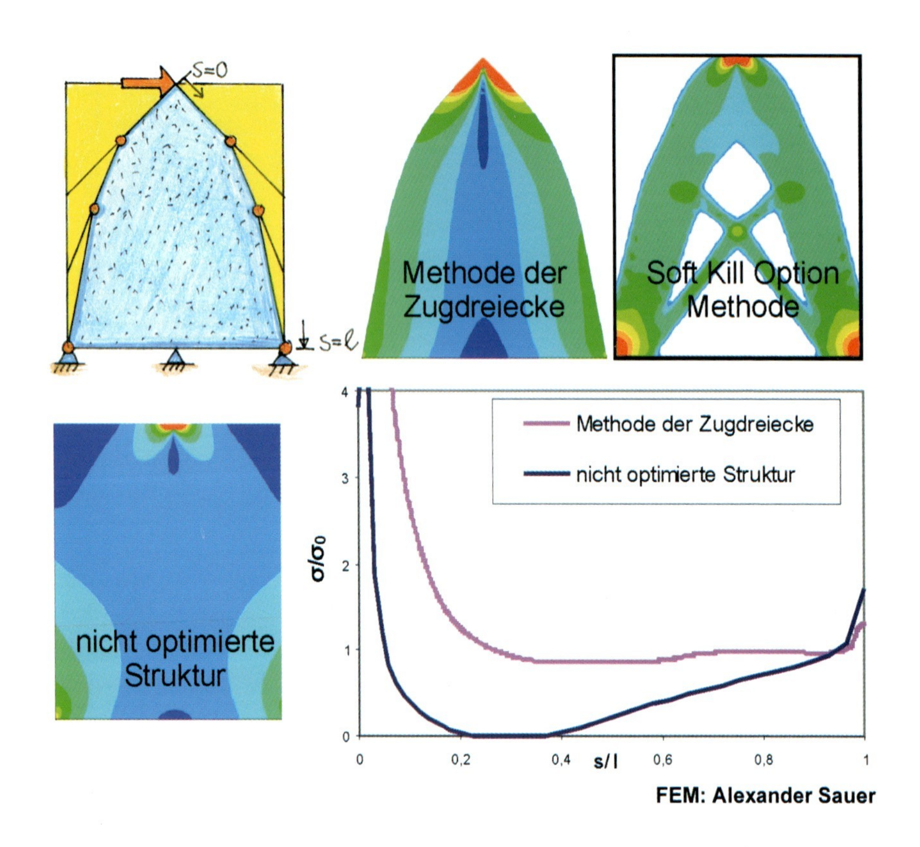

HIER WIRD DIESELBE RECHNUNG FÜR BIEGEBELASTUNG DURCH EINE QUERKRAFT DURCHGEFÜHRT. AUßER AN DER PUNKTLAST IST DIE SPANNUNGSVERTEILUNG ENTLANG DER OPTIMIERTEN KONTUR VERGLEICHMÄßIGT.

DIE ALTEN SEGELBOOTBAUER **(A)** HABEN ES GEWUSST: NUR EINE ZUGGURTUNG IST DIE KRONE DES LEICHTBAUS. AUCH DIE EVOLUTION HAT ES GEWUSST, ALS SIE ZUGGURTUNGEN AUS MUSKELN **(B)** ENTWICKELTE, UM DIE BIEGEBELASTUNG DER KNOCHEN ZU MINDERN. SELBST WENN EIN DRUCKSTAB SEINEN QUERSCHNITT AUCH GLEICHMÄẞIG AUSLASTET, MUSS ER ZUSÄTZLICH ZUM DRUCKVERSAGEN GEGEN KNICKEN AUSGELEGT WERDEN, UND DAS MACHT IHN SCHWER **(C)**. WIR HABEN IN UNSEREM SKELETT ETWA DREIMAL MEHR MUSKELSEILE ALS KNOCHENDRUCKSTÜTZEN.

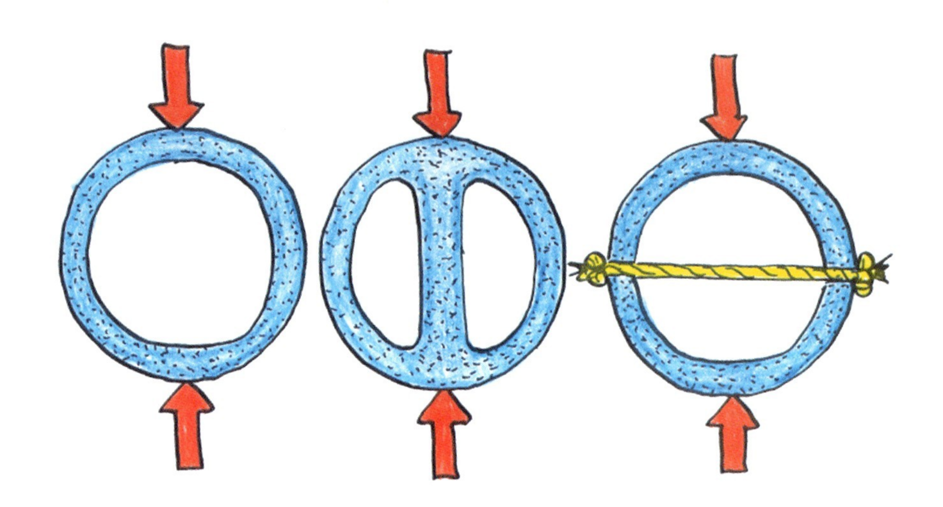

EIN ROHR WIRD DURCH QUERSCHNITTSVERFLACHENDE KRÄFTE BELASTET. SOLL DIE VERFLACHUNG ALS VERSAGENSMECHANISMUS DURCH EINE DRUCKSTÜTZE IN KRAFTRICHTUNG VERHINDERT WERDEN, MUSS DIESE DICK GENUG (UND DAMIT SCHWER GENUG) SEIN, UM NICHT ZU KNICKEN. DIE VERHINDERUNG DER QUERSCHNITTSVERFLACHUNG DURCH EIN ZUGSEIL QUER ZUR KRAFTEINLEITUNG ERFORDERT LEDIGLICH EINE AUSLEGUNG DES SEILES GEGEN ZERREIẞEN. DIES KANN AUCH OHNE **SKO** (SOFT KILL OPTION) ALLEIN DURCH EINE AUF SEILE AUSGERICHTETE DENKWEISE (!!) PLAUSIBEL GEMACHT WERDEN.

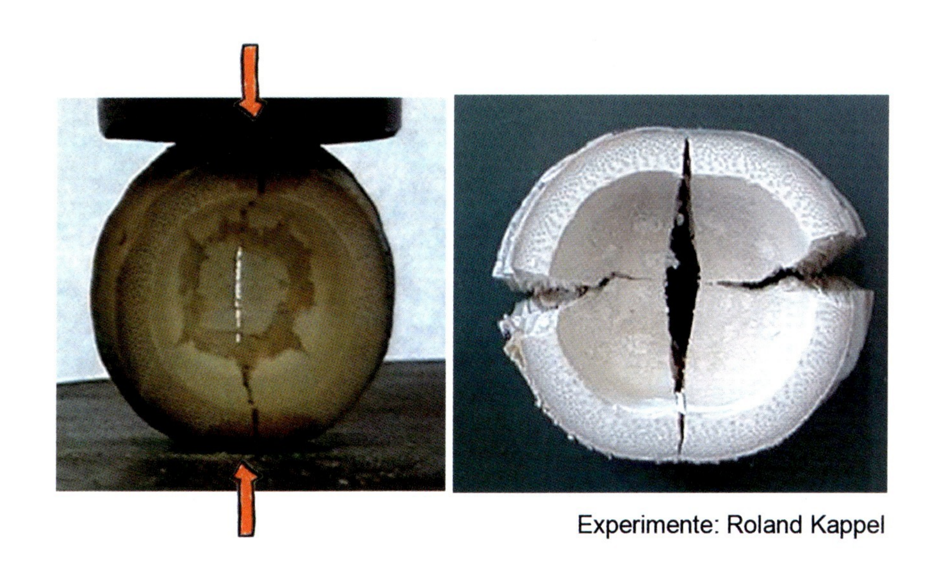

Experimente: Roland Kappel

AUCH DIE KNOTEN DES BAMBUS WIRKEN ZUMINDEST TEILWEISE ALS ZUGGURTUNG, WIE IM BILD RECHTS AUF DER VORIGEN SEITE EINGEZEICHNET. DIES WURDE DURCH GEZIELTE EINBRINGUNG VON TRENNUNGSSCHNITTEN EXPERIMENTELL NACHGEWIESEN. DER VERTIKALE LÄNGSRISS DEUTET AUF DAS VERSAGEN DIESES HEIMLICHEN ZUGSEILES.

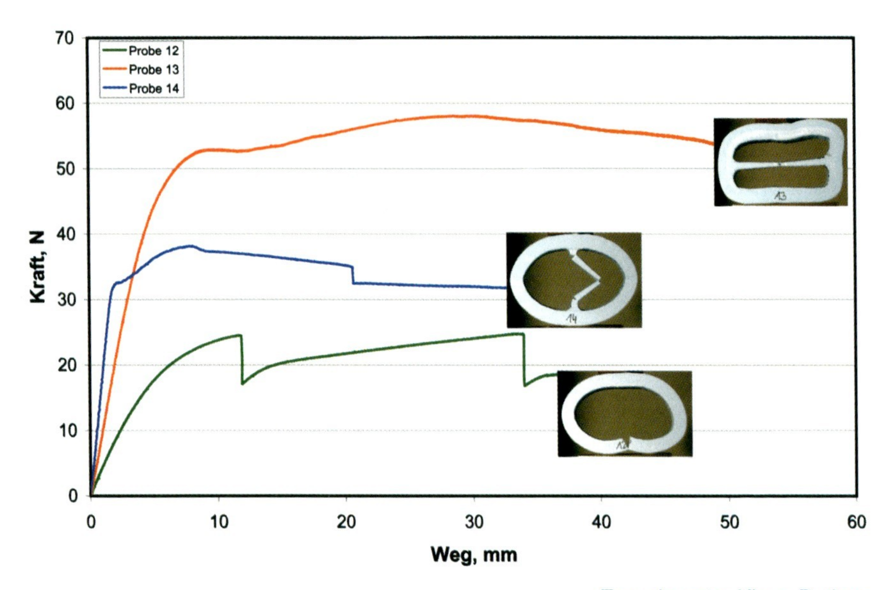

Experimente: Klaus Bethge

EXPERIMENTE MIT HARTSCHAUM-PROBEN ZEIGEN DIE ÜBERLEGENE EFFIZIENZ DER ZUGGURTUNG IM VERGLEICH MIT DER DRUCKSTÜTZE IN BEZUG AUF MAXIMALLAST UND BRUCHARBEIT, ALSO DER FLÄCHE UNTER DER KRAFT-WEG-KURVE.

DER REGENWURM, DEN EINE AMSEL AUS DER ERDE ZIEHT, HOFFT AUF DIE SCHERFESTIGKEIT ZWISCHEN WURM UND ERDE. WENN DIESE VON DEN LÄNGSSCHUBSPANNUNGEN ÜBERWUNDEN WIRD, DIENT ER DER ARTERHALTUNG DES SCHWARZEN SÄNGERS. DIE WURZEL, EIN VERANKERUNGSPROFI, KANN ES BESSER!

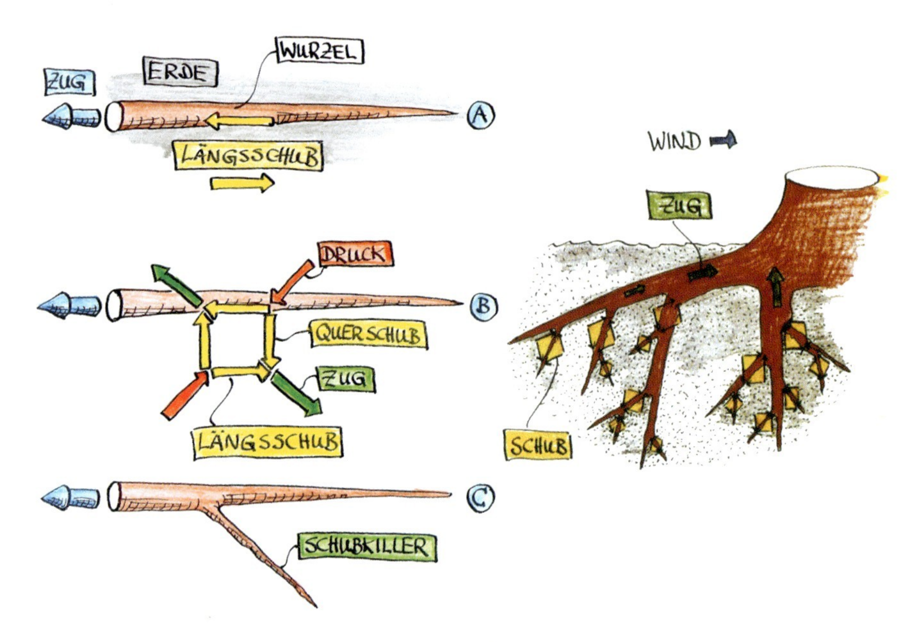

WAS DER REGENWURM NICHT WEIß, PRAKTIZIERT DIE WURZEL: LÄNGSSCHUB=QUERSCHUB! SONST WÜRDE DAS EINGESCHLOSSENE SCHUBVIERECK ROTIEREN. SETZT MAN DIE SCHUBKRÄFTE ZU GRÜNEN ZUGKRÄFTEN UND ROTEN DRUCKKRÄFTEN ZUSAMMEN, SO SIEHT MAN SCHNELL, DASS EINE UNTER 45° ABZWEIGENDE SEITENWURZEL DAS PROBLEM DES AUSREIßENS MINDERT UND WENN NICHT BEIM ERSTEN MAL, DANN NACH DER ZWEITEN, DRITTEN UND VIERTEN VERZWEIGUNG. DER LETZTE WURZELZIPFEL REIßT DANN AUCH OHNE WEITERE VERZWEIGUNG NICHT AUS. DIE VERZWEIGUNG ALS SCHUBKILLER!

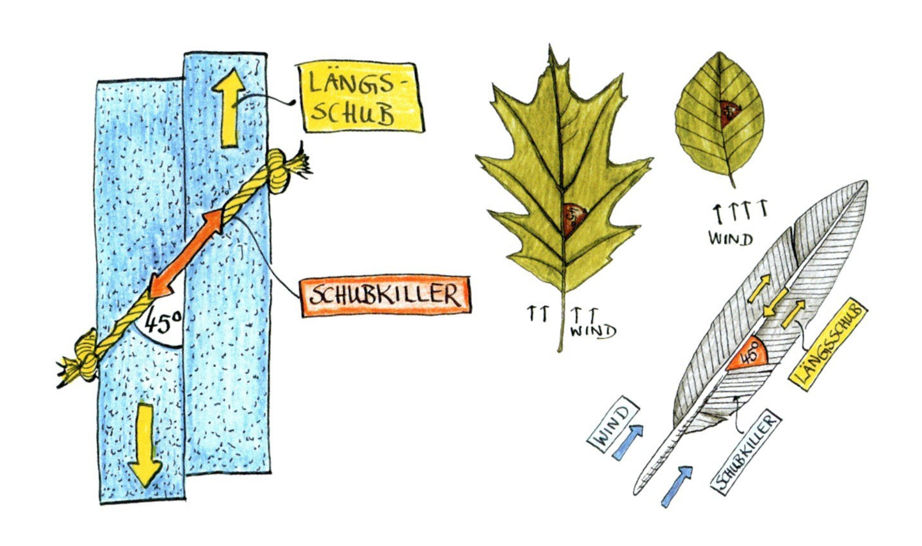

HAT MAN DIESES PRINZIP ERST EINMAL VERINNERLICHT, ERKENNT DAS AUF SCHUBKILLER TRAINIERTE ARGUSAUGE FAST NUR NOCH 45°-WINKEL, WAS EINEN SONNTÄGLICHEN WALDSPAZIERGANG IN DIE LÄNGE ZIEHEN KANN. EINE HEIMLICHE NATURKONSTANTE!

OB ENTENFUß MIT IM 45°-WINKEL AUFGESPANNTER SCHWIMMHAUT ODER SCHMETTERLINGSFLÜGELARMIERUNGEN, EIN UNGEFÄHRER 45°-WINKEL IST MEIST DABEI UND LETZTLICH IST AUCH DAS ERSTE ZUGDREIECK MIT 45°-ANBINDUNG EIN SCHUBKILLER BEI DER KERBFORMOPTIMIERUNG (SIEHE SEITE 76).

ZEICHNET MAN ALLE 45°-WINKEL IM BAUM MAL EIN, DIE IM MECHANISCHEN OPTIMALFALLE AUFTRETEN KÖNNEN, SO ERKENNT MAN DIE GANZE DIMENSION DIESES HEIMLICHEN GESTALTGESETZES DER NATUR. UNTER ANDEREM KANN PHOTOTROPES WACHSTUM ZUM LICHTE HIN DIESE OPTIMALFORM STÖREN.

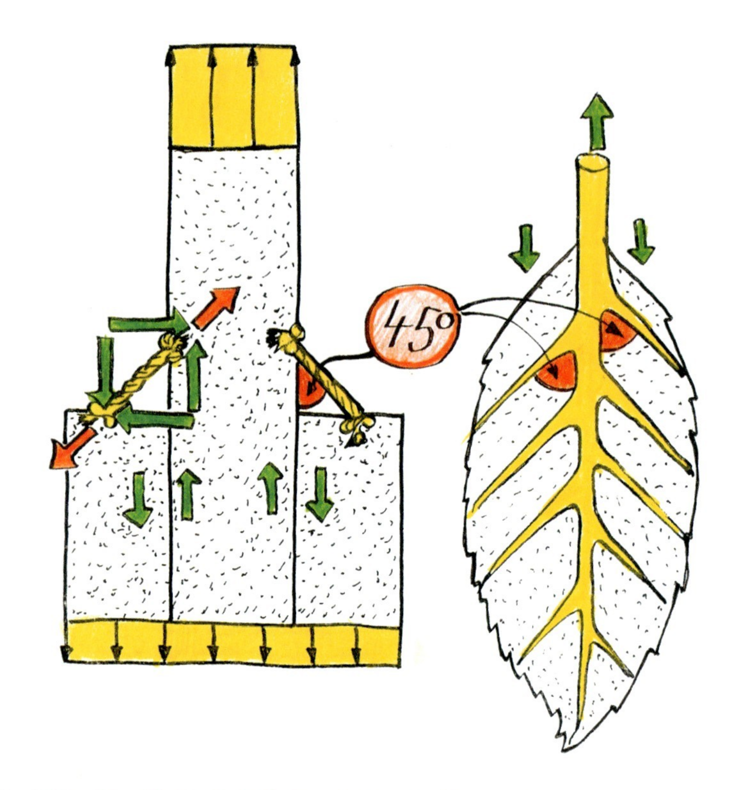

VOR DIESEM HINTERGRUND WIRD DEUTLICH, WIE SICH DIE METHODE DER ZUGDREIECKE IN DIE NATUR EINBETTET: DAS ERSTE ZUGDREIECK IST EIN SCHUBKILLER! DAS KÖNNTE AUCH HEIßEN, DASS DIE KERBSPANNUNG GLEICHSAM DIE TOCHTER DER SCHUBSPANNUNG IST. OHNE SCHUBVIERECK KEINE 45°-KRAFTFLUSSUMLENKUNG, KEINE QUERKRAFT F_Q (SIEHE SEITE 12), KEIN AUFBIEGEN DER KERBKONTUR, KEINE KERBSPANNUNG ...

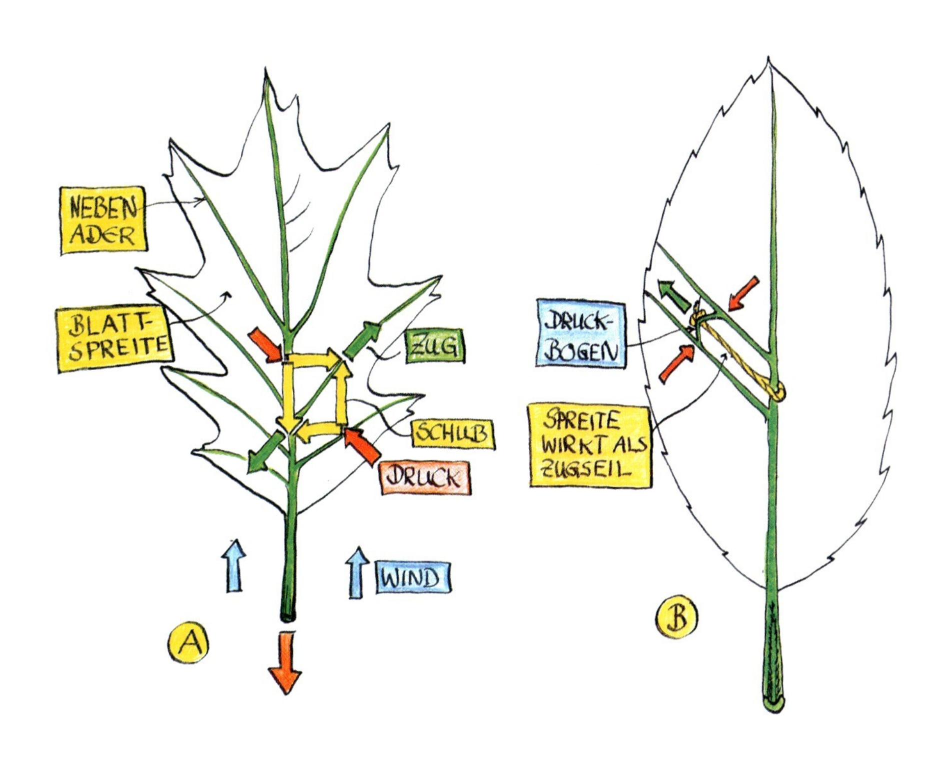

45°-ABZWEIGENDE BLATTNEBENADERN SIND ZUGTRAGENDE SCHUBKILLER **(A)**. ZWISCHEN DEN NEBENADERN WIRKT ABER DRUCK **(A)**, DEN EINE STEIFERE BLATTSPREITE ERTRAGEN MUSS. BEI VIELEN BLÄTTERN FINDEN SICH AUCH KLEINE DRUCKBÖGEN ZWISCHEN DEN NEBENADERN **(B)**, DIE SICH NACH AUßEN WÖLBEN UND DABEI AUCH DÜNNE BLATTSPREITEN LANGE STRAFF HALTEN. SO WIRD DRUCK IN ZUG VERWANDELT.

Verformung verschiedener Blätter bei Wind		
	ohne Wind	**mit Wind** →
Kirschbaum (*Prunus avium*)		
Tulpenbaum (*Liridendron tulipifera*)		
Spitzahorn (*Acer platanoides*)		
Rosskastanie (*Aesculus hippocastaneum*)		
Robinie (*Robinia pseudoacacia*)		
Schwarznuss (*Juglans nigra*)		

Experimente: Roland Kappel

DIE DEFORMATIONEN DER BLATTFORM IM WIND MACHEN SIE AERODYNAMISCH GÜNSTIGER. VIELE BLATTADERMUSTER LASSEN SICH AUCH MIT DIESEM VERFORMUNGSVERHALTEN ERKLÄREN.

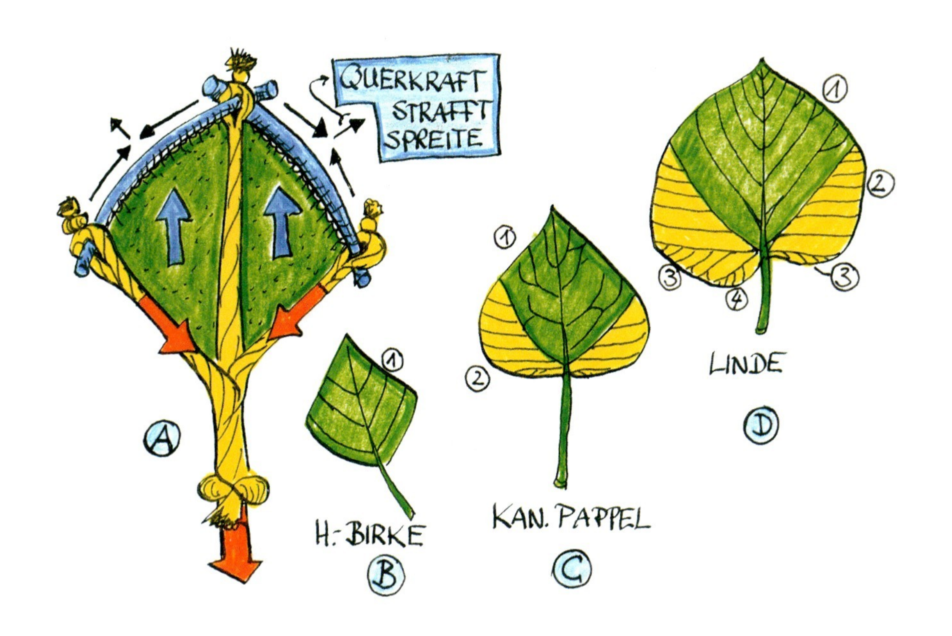

MAN KANN SICH DIE ABTRAGUNG DER WINDLAST DURCH DAS BLATT ÜBER DIE BLATTSPREITE UND DIE BLATTADERN STARK VEREINFACHT (A) VORSTELLEN. DIESE BIOMECHANISCHE GRUNDFORM ZEIGEN AM EHESTEN BIRKENBLÄTTER (B). SIE TAUCHT ABER AUCH BEI PAPPEL (C) UND LINDE (D) AUF UND JEDE ZUSÄTZLICHE BLATTFLÄCHE ERFORDERT EXTRA ARMIERUNGEN DURCH SEITENADERN ZWEITER BIS VIERTER ORDNUNG. DIESE GELBEN BEREICHE DÜRFTEN BEI WINDLAST SCHNELL ANGEKLAPPT ODER EINGEROLLT WERDEN.

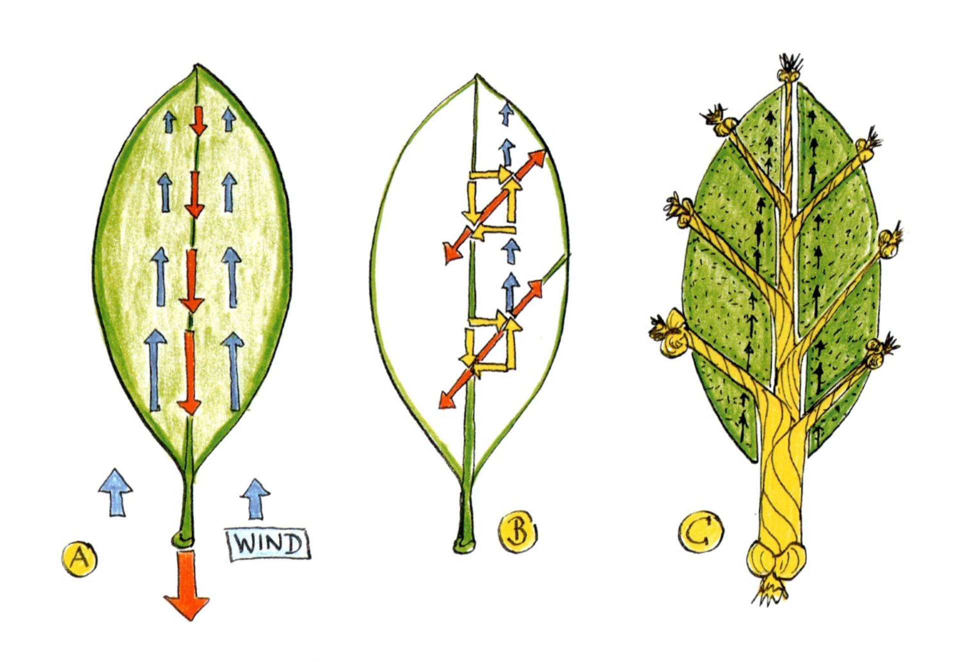

DIE SEITENADERN VERHINDERN AUCH DIE AKKUMULATION DER WINDREIBUNG IN DER BLATTSPREITE VON DER BLATTSPITZE ZUM STIEL HIN (A). SIE LEITEN ALS ECHTE SCHUBKILLER IMMER WIEDER DEN ANGESTAUTEN SCHUB IN DIE HAUPTADER (B,C). NUR BLÄTTER MIT EXTREM STABILER BLATTSPREITE KÖNNEN SOMIT AUF DIESE NEBENADERN VERZICHTEN.

ES IST WOHL DIE UNTERSCHIEDLICHE DOMINANZ DER HAUPTADER RELATIV ZU DEN NEBENADERN, DIE UNTERSCHIEDLICHE BLATTFORMEN BIOMECHANISCH ERKLÄRT. BLATT (A) ZEIGT VERGLEICHBARE TRAGFÄHIGKEIT VON HAUPT- UND NEBENADERN. BLATT (B) LEISTET SICH IMMERHIN NOCH EINE STOLZE BREITE, KRÄFTIGE SEITENADERN ARMIEREN DIE SPREITE. DIE ÄRMLICHEN SEITENADERN IN (C) ERLAUBEN NUR GERINGE BLATTBREITEN UND DIE HAUPTADER REGIERT. IN BLATT (D) VERSCHMÄLERT SICH DIE BLATTSPREITE STARK ZUM STIEL HIN, WOBEI DIE HAUPTADER SICH ABRUPT VERDICKT.

MANCHE BLÄTTER VERZICHTEN IM BEREICH DER BLATTSPITZE ODER ÜBERALL GÄNZLICH DARAUF, IHRE NEBENADERN ALS SCHUBKILLER MIT 45°-ANBINDUNG EINZUSETZEN. SIE LEITEN WIE AXIALE ZUGSEILE DIE WINDLAST DIREKT IN DIE HAUPTADER EIN - EINE ANDERE MECHANISCHE STRATEGIE!

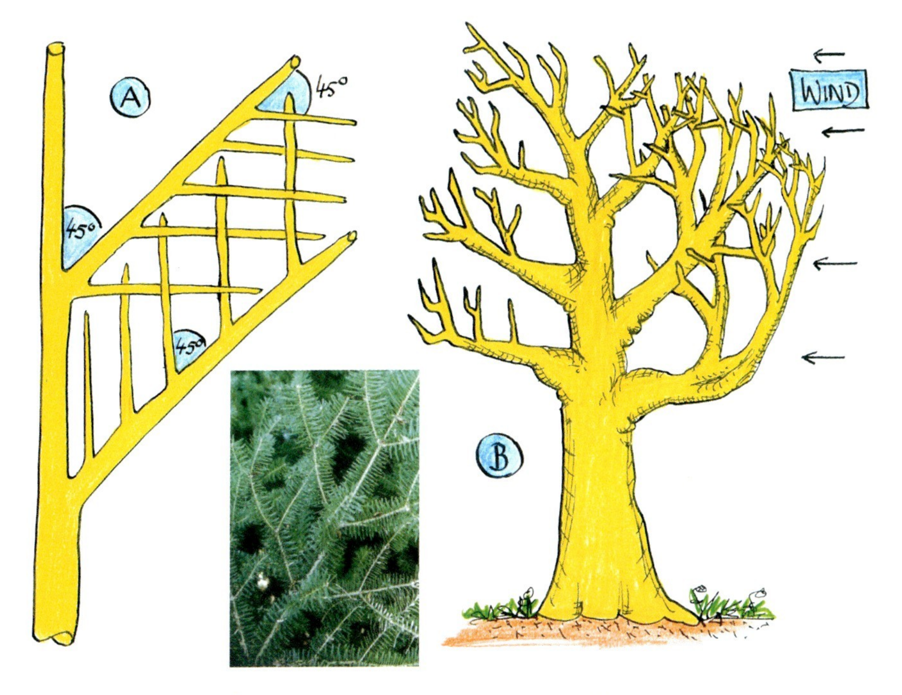

ZWISCHEN DEN ÄSTEN UND ZWEIGEN DER BÄUME BEFINDET SICH KEINE BLATTSPREITE. WOLLEN BÄUME VON DEN VORTEILEN DER NICHT SELTENEN 45°-VERZWEIGUNG PROFITIEREN, SO KÖNNEN SIE DIES ÜBER REIBUNG UND VERHAKUNGEN (FORMSCHLUSS) DER ZWEIGE UNTEREINANDER. EIN IDEALES FACHWERK ERGIBT SICH IN DER TAT BEI REINEN 45°-VERZWEIGUNGEN (A). DIE PRAXIS SIEHT MEIST NUR NÄHERUNGSWEISE IDEAL AUS (B), GENÜGT ABER, UM DIE REIB- UND FORMSCHLÜSSIGE VERBINDUNG, ALSO DIE NACHBARSCHAFTSHILFE, ZU REALISIEREN.

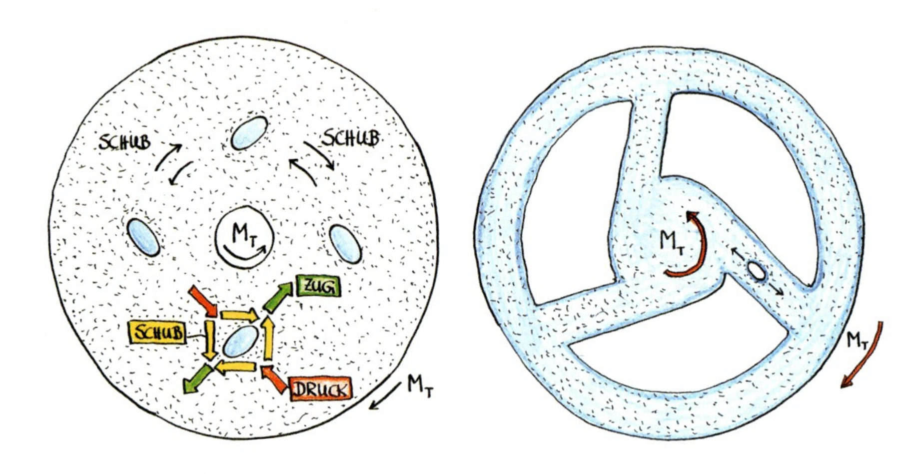

IN DER TECHNIK SIND BEIM ANGETRIEBENEN RAD IM 45°-WINKEL ANGEBRACHTE SPEICHEN SCHUBKILLER – ALSO SEILE, DIE ÜBER ZUG DEN SCHUB ABFANGEN.

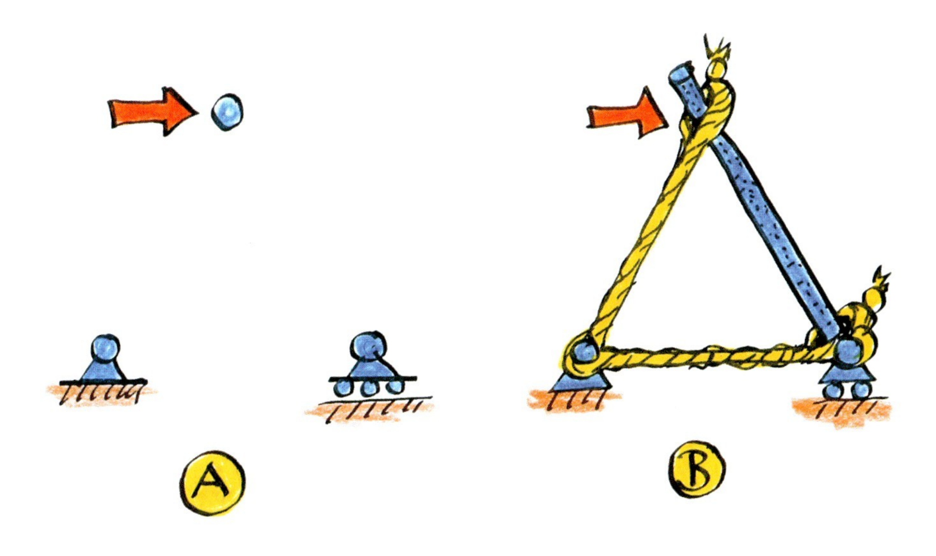

´IN SEILEN DENKEN´ – EINE EINFACHE METHODE ZUM ENTWURF VON LEICHTBAUKONSTRUKTIONEN:

1. LAST- UND LAGERBEDINGUNGEN FESTLEGEN
2. LAST UND LAGER DURCH ZUGSEILE SINNVOLL VERBINDEN
3. UNVERZICHTBARE DRUCKSTÄBE ALS ABSTANDSHALTER EINZEICHNEN
4. RECHNERISCHE AUSLEGUNG DES DESIGNENTWURFES. DABEI MUSS DIE DRUCKSTÜTZE AUCH GEGEN KNICKEN AUSGELEGT WERDEN!!

DIE LEICHTBAUMETHODE ´IN SEILEN DENKEN´ IST GEWISS KEIN FINE-TUNING, SICHER ABER EIN GUTER UND BILLIGER WEG, UM SCHNELL EINEN ERSTEN ENTWURF VON DER LEICHTBAUKONSTRUKTION ZU ERHALTEN, WIE AUCH DIESES 3D-BEISPIEL ZEIGT. BEI VERWENDUNG ZUGEMPFINDLICHER WERKSTOFFE KEHRT MAN AM ENDE EINFACH DEN BELASTUNGSPFEIL UM UND HAT AUF ´DRUCK´ KONSTRUIERT!

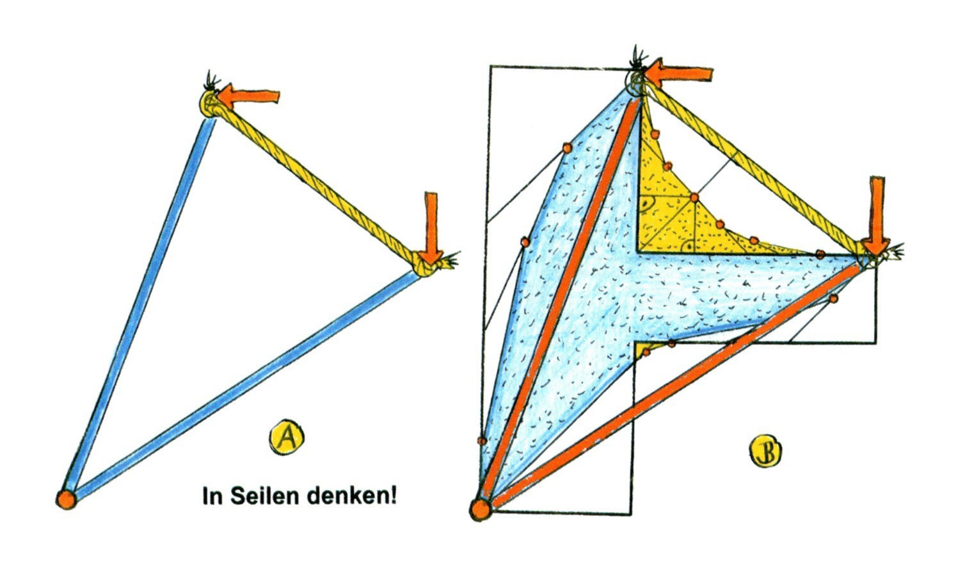

UNSER LIEBES PHANTASIEBAUTEIL VON SEITE **56** ALS ENTWURF MIT DER METHODE ´IN SEILEN DENKEN´ **(A)**. ERGEBNIS IST EIN PLAUSIBLER ROHLING, DER ALLERDINGS MIT DER KONKAVITÄT PROBLEME HAT **(B)**. DAS KNICKRISIKO DER LANGEN DRUCKSTÄBE WIRD SPÄTER UNSER LEHRMEISTER BANANENBLATT BEZWINGEN.

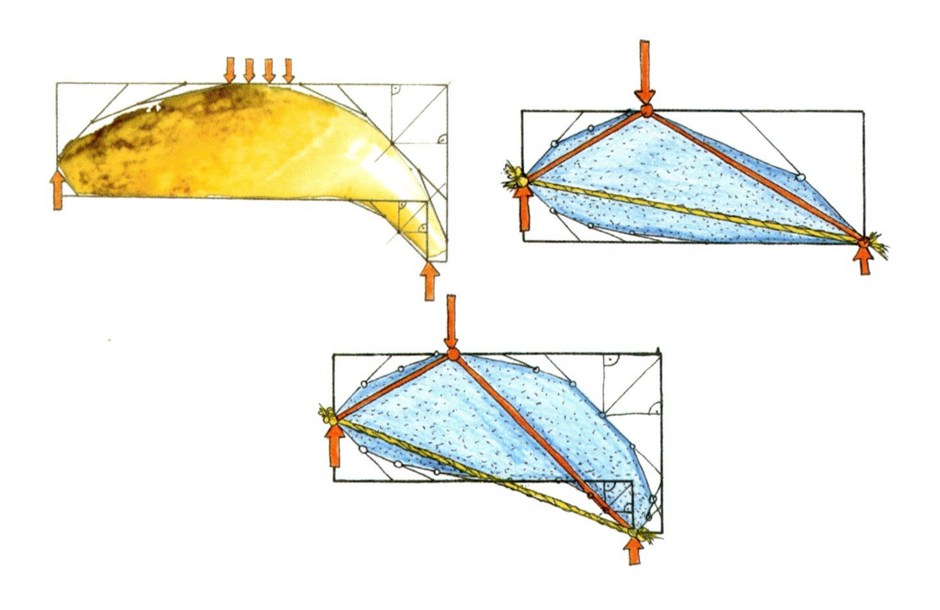

DER JAGDERPROBTE ZAHN EINES SCHWARZBÄREN, ERFOLGREICH NACHVOLLZOGEN MIT DER METHODE DER ZUGDREIECKE, LÄSST SICH AUCH MIT DER BRUTALEREN METHODE ´IN SEILEN DENKEN´ IM GROBEN VERSTEHEN. WILL MAN DIE ZAHNSPITZE SELBST MITNEHMEN, IST DIE GERADE LINIE DES SEILES EIN PROBLEM. EIN WEITERES, SCHLIMMERES SIND DIE ROTEN DRUCKSTÄBE UND IHR KNICKRISIKO, DAS WIR ABER GLEICH NACH DEM VORBILD DES BANANENBLATTSTIELES BEZWINGEN.

DER STIEL EINES BANANENBLATTES, DAS PROF. THOMAS SPECK IM BOTANISCHEN GARTEN FREIBURG FÜR UNS SCHLACHTETE, WAR DER IDEENGEBER FÜR EINE VARIANTE DES LEICHTBAUS. DER QUERSCHNITT DES BANANENBLATTSTIELES WILL SICH VERFORMEN, WIE DIE ROTEN PFEILE ZEIGEN. DAMIT DER UNTERE BOGEN NICHT AUSKNICKT, WIRD ER DURCH SICH TEILS VERZWEIGENDE SEILE NACH INNEN GEZOGEN. DAS HOLZMODELL ERKLÄRT DAS PRINZIP: MAN GIBT DURCH DIE VORKRÜMMUNG DES UNTEREN DRUCKBOGENS DIE VERFORMUNG VOR, UM SIE DANN MIT LEICHTEN ZUGSEILEN ZU VERHINDERN – EIN VERRAMMELTER NOTAUSGANG!

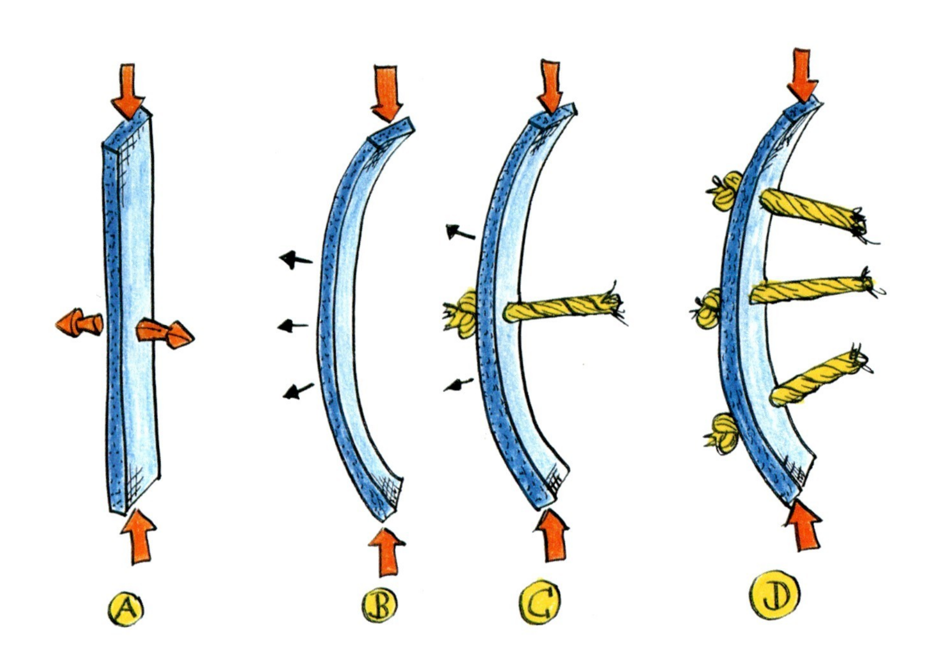

DIE PHILOSOPHIE DES DRUCKBOGENS IST, DASS ER NICHT WIE EIN KNICKSTAB (A) IN ALLE RICHTUNGEN AUSKNICKEN KÖNNTE, SONDERN DASS ER AUFGRUND DER VORKRÜMMUNG NUR IN DEREN RICHTUNG AUSKNICKEN WILL (B). DIESEN NOTAUSGANG VERRAMMELN WIR NUN MIT EINEM ZUGSEIL (C). REICHT DIE BELASTBARKEIT DANN NOCH NICHT, NEHMEN WIR MEHRERE ZUGSEILE (D). ZUGSEILE SIND LEICHT, WEIL SIE NICHT GEGEN KNICKEN AUSGELEGT WERDEN MÜSSEN. MIT EINEM SEITLICH STEIFEREN PROFIL VERHINDERN WIR SEITLICHES AUSKNICKEN.

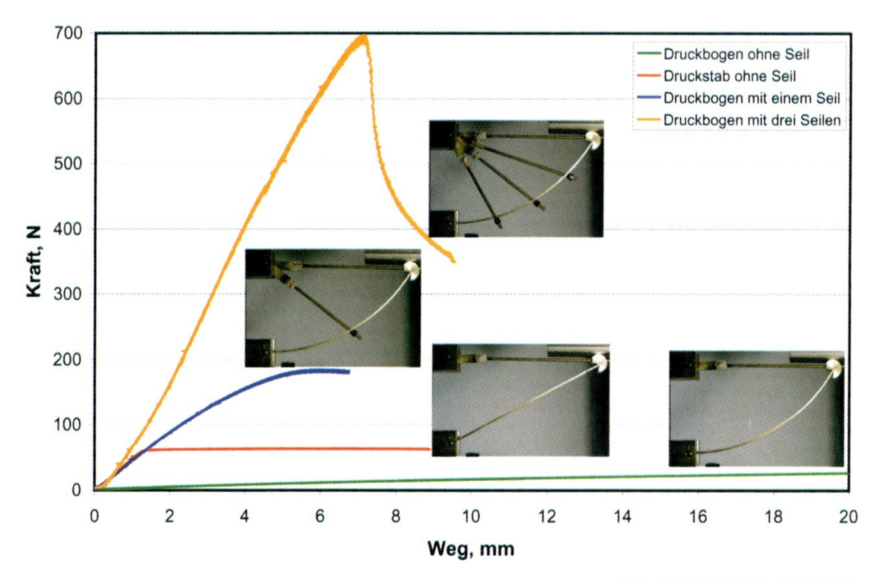

Experimente: Klaus Bethge

WENN MAN STARK VEREINFACHT EINEN HALBEN QUERSCHNITT DES BANANENBLATTSTIELES NACHBAUT, SO ERGEBEN SICH MIT ZUNEHMENDER ANZAHL VON ZUGSEILEN (HIER GEWINDESTÄBE) DRASTISCHE ERHÖHUNGEN DER VERSAGENSLAST OHNE WESENTLICHEN GEWICHTSZUWACHS - SEILE SIND LEICHT! BEI DREI ZUSATZSEILEN ERHÖHT SICH Z.B. DIE VERSAGENSLAST IM VERGLEICH MIT DEM GERADEN, UNTERSEITIGEN DRUCKSTAB AUF DAS MEHR ALS 10-FACHE.

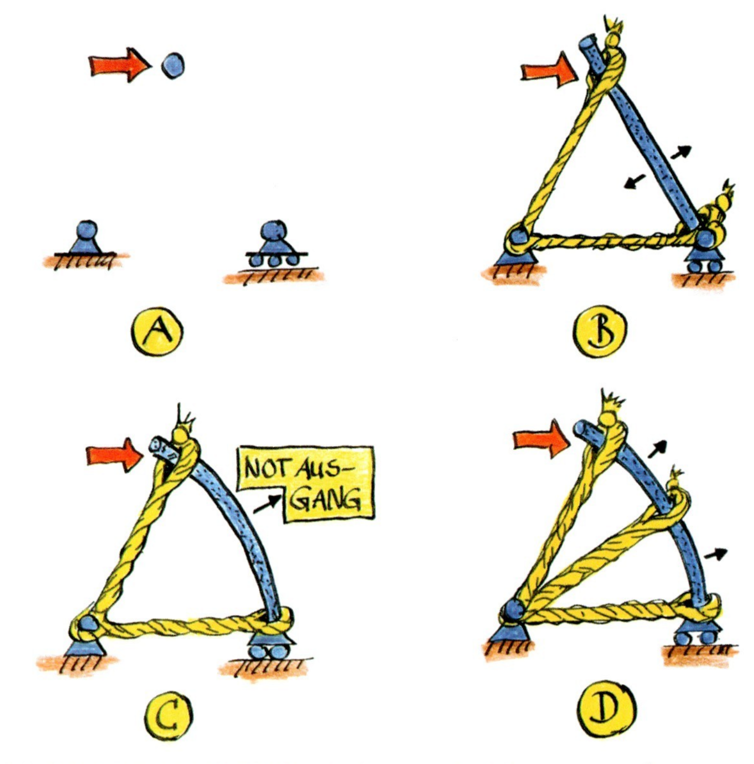

SEILBETONTE LEICHTBAUSTRUKTUREN: DAS REZEPT!

- LAST- UND LAGERBEDINGUNGEN FESTLEGEN (A)
- IN SEILEN UND DRUCKSTÜTZEN DENKEN (B)
- KNICKGEFÄHRDETEN DRUCKSTAB VORKRÜMMEN (C), D.H. DRUCKBOGEN HERSTELLEN
- NOTAUSGANG MIT ZUGSEIL VERRAMMELN (D)

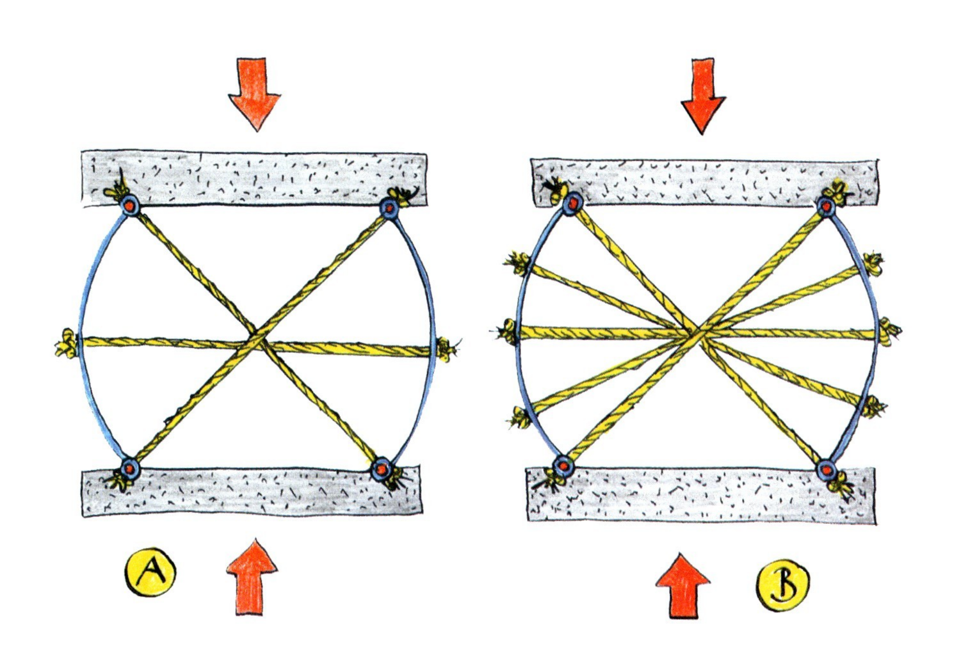

EINE EINFACHE ANWENDUNG IST DIESE DRUCKSÄULE, DIE IM MODELL AUS ZWEI GEKRÜMMTEN STAHLLINEALEN UND DRÄHTEN ZWISCHEN DEN DRUCKPLATTEN GEBAUT WURDE. DABEI SIND DIE 45°-KREUZSEILE NUR SCHUBKILLER, DAS WAAGERECHTE SEIL VERRAMMELT DEN NOTAUSGANG (A). DIE TRAGLAST KANN MAN DURCH VERKÜRZUNG DER DRUCKBÖGEN ERHÖHEN (B), WAS MEHR SEILE BEDEUTET, DIE ABER WENIG WIEGEN.

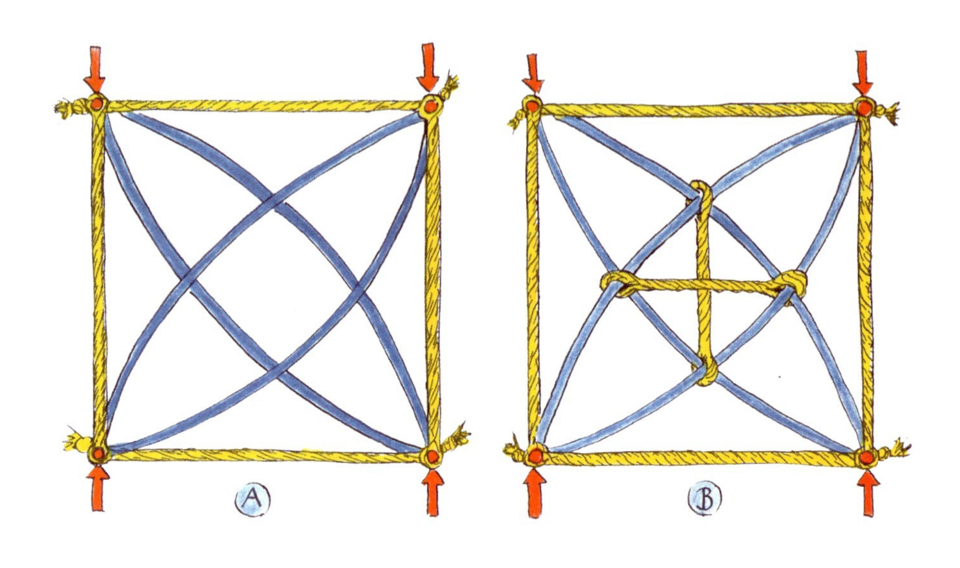

AUCH DIESE GEKREUZTEN DRUCKSPINDELN BESTEHEN AUS JE ZWEI GEGENSEITIG AUSWEICHENDEN DRUCKBÖGEN **(A)**. EINE KLEINE KREUZVERSEILUNG ERHÖHT DIE STEIFIGKEIT ENORM. SIE VERRAMMELT DEN DURCH DIE VORKRÜMMUNG VORGEGEBENEN NOTAUSGANG **(B)**.

WIE SCHON AUF SEITE 77 GEZEIGT, NEHMEN AUCH VIELE BLÄTTER DEN DRUCK ZWISCHEN DEN ZUGTRAGENDEN NEBENADERN DURCH DEREN GEKRÜMMTE VERBINDUNGEN AUF. DIE ZUGWIRKUNG DER SPREITE ZWISCHEN DEN NEBENADERN VERRAMMELT DEN NOTAUSGANG.

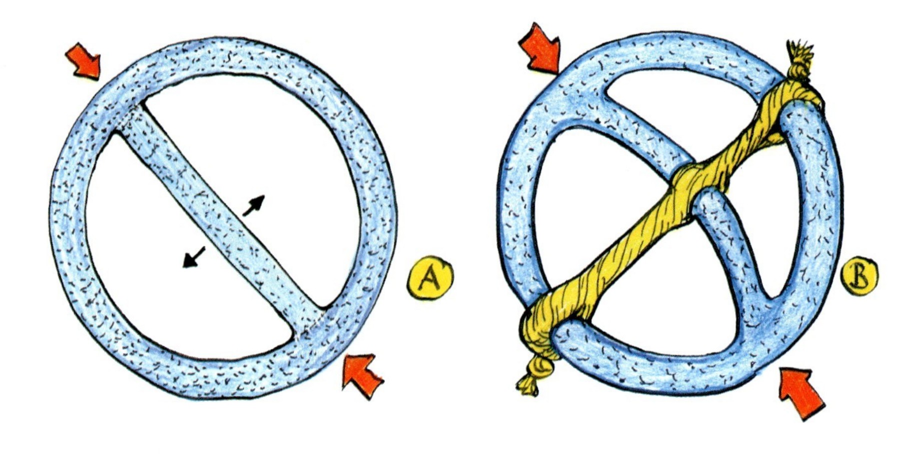

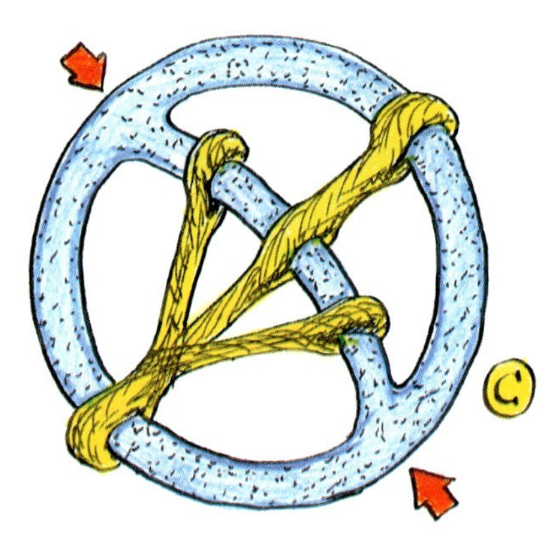

WENN EIN KREISRING AUF QUERDRUCK BELASTET WIRD, WÜRDE EINE GERADE (A) QUERSTÜTZE LEICHT KNICKEN. EINE GEKRÜMMTE QUERSTÜTZE WILL SICH NUR IN RICHTUNG IHRES NOTAUSGANGES VERBIEGEN UND DEN VERRAMMELN WIR MIT EINEM (B) ODER MEHREREN (C) SEILEN.

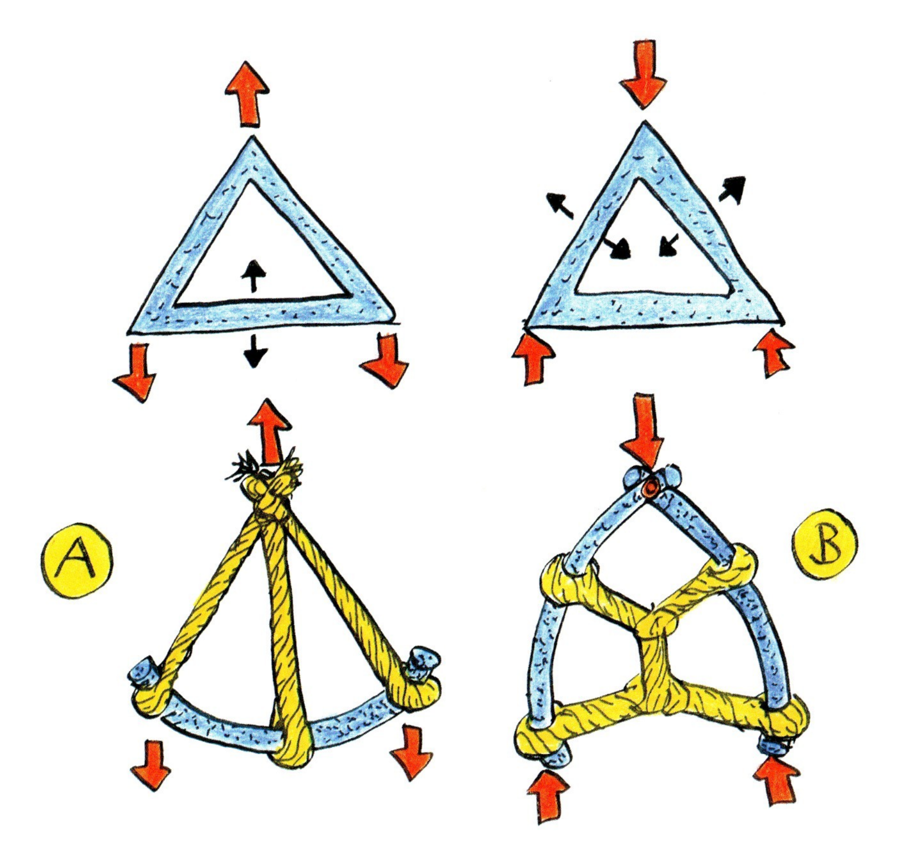

BEI EINEM DREIECK MIT GERADEN SEITEN WEIß MAN NIE, WOHIN DIESE UNTER DRUCK AUSKNICKEN. GIBT MAN ABER DURCH VOR-KRÜMMUNG DEN NOTAUSGANG VOR, SO KANN MAN IHN GEZIELT DURCH SEILE VERRAMMELN. LUSTIG IST, WIE VERSCHIEDEN DIE OPTIMIERTEN FORMEN (A,B) ALLEIN DURCH LASTUMKEHR SIND.

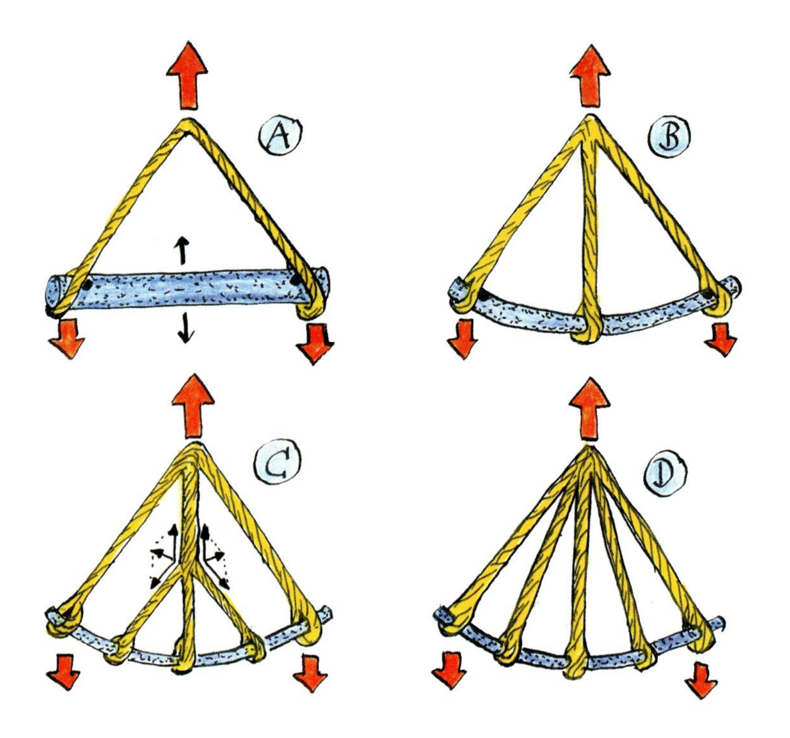

HIER WIRD NOCH GEZEIGT, WIE MAN MIT MEHREREN SEILEN ARBEITEN KANN. GEWISS KNICKT DIE GERADE, BLAUE DRUCKSTÜTZE (A) WENIGER SCHNELL AUS ALS EINE VORGEKRÜMMTE (B,C). DAFÜR SIND HIER DIE ABSTÄNDE ZWISCHEN DEN SEILEN KÜRZER. SEILE SIND GANZ LEICHT. SIE TRAGEN ZUM GEWICHT NICHT VIEL BEI! DIE SEILVERZWEIGUNG IN (C) BEWIRKT AUCH QUERKRÄFTE. WER DIE TECHNISCH NICHT BEWÄLTIGEN KANN, DER KANN DIE VERZWEIGUNG NACH OBEN SCHIEBEN (D).

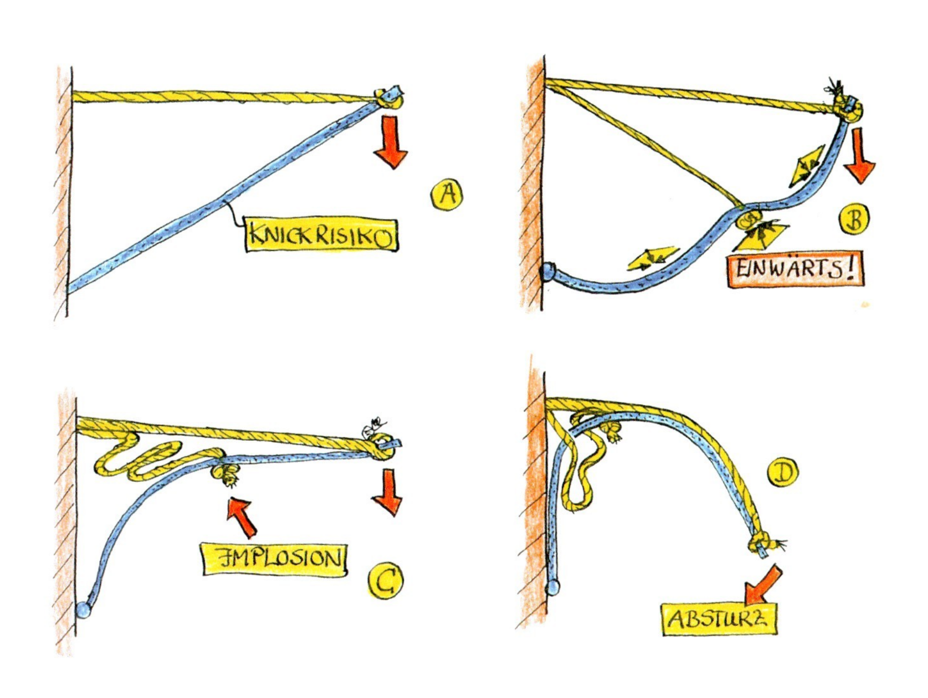

NEBEN DEM KNICKRISIKO GERADER DRUCKSTÄBE (A), GIBT ES NOCH EINE ART IMPLOSIONSVERSAGEN VON DRUCKBÖGEN, INSBESONDERE BEI STARKEN VERFORMUNGEN (B). DABEI KRIEGEN DIE SEILE, DIE DEN NOTAUSGANG VERRAMMELN, PLÖTZLICH DRUCK UND DAS BAUTEIL VERSAGT KATASTROPHAL (C,D)!

EINE BEDROHUNG DER FASERVERBUNDE UND DAMIT AUCH DES HOLZES IST DER SO GENANNTE UNGLÜCKSBALKEN. BIEGT MAN EIN GEKRÜMMTES BAUTEIL GERADE, ERGEBEN SICH QUERZUGSPANNUNGEN UND NICHT SELTEN SOGAR LÄNGSSPALTUNGEN. ABHILFE SCHAFFEN KANN EIGENTLICH NUR EINE HÖHERE QUERFESTIGKEIT, Z.B. DURCH QUERFASEREINLAGERUNG. DIESEN UNGLÜCKSBALKEN-QUERZUG GIBT ES AUCH AN SEILVERZWEIGUNGEN.

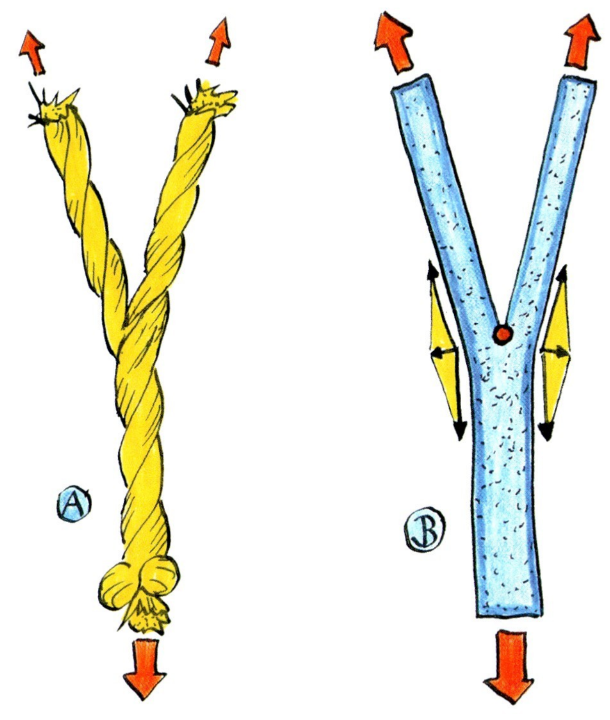

DIE VERZWEIGUNGEN (A) DER ´ZUGSEILE´ BERGEN EINIGE RISIKEN. FASERVERBUNDE KÖNNEN DORT LÄNGS SPALTEN. GABELUNGEN (B) AUS ISOTROPEN WERKSTOFFEN (ZUGBLECHE ETC.) KÖNNEN AUCH BEI MÄßIGEM, SCHWINGENDEN QUERZUG REIßEN. DIESER ENTSTEHT, WENN DIE GABELTEILE VONEINANDER WEGGEBOGEN WERDEN, ABER AUCH BEI REINEM ZUG DURCH DIE QUERKRÄFTE AUS DER UMLENKUNG DES KRAFTFLUSSES (B). DER ROTE PUNKT IST DIE POTENTIELLE BRUCHSTELLE.

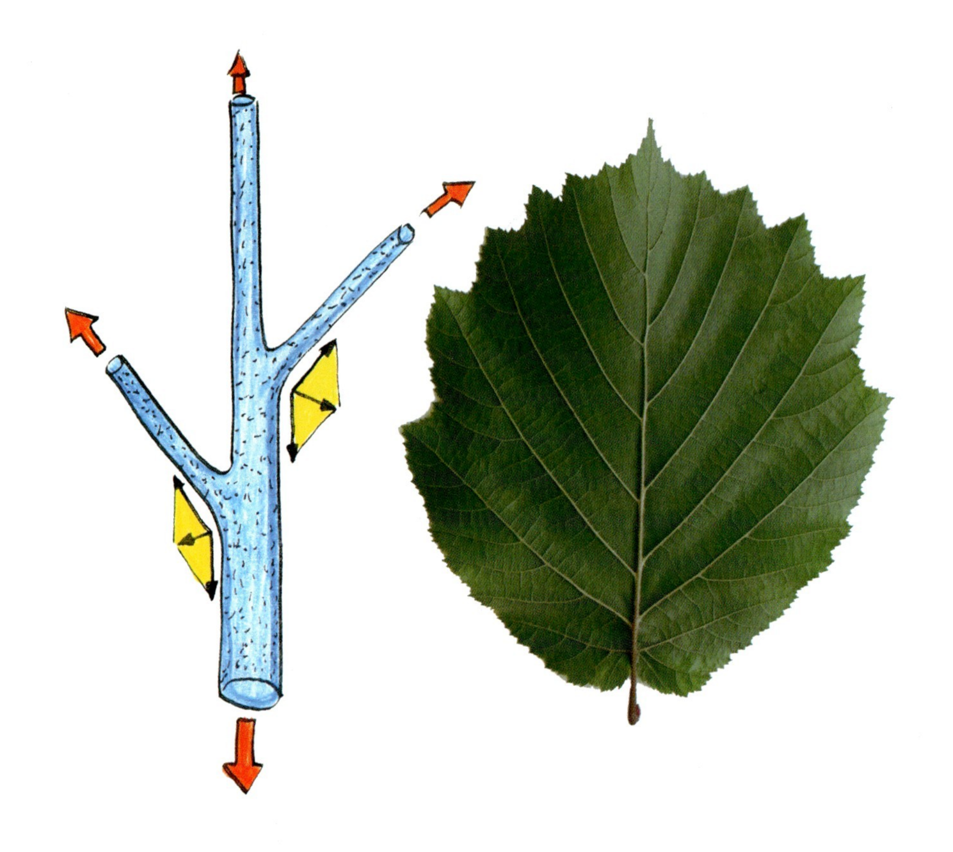

BLÄTTER BINDEN DAHER OFT IHRE SEITENADERN HÖHENVERSETZT AN DER HAUPTADER AN. EINE MÖGLICHE ERGÄNZUNG IST DIE KERBFORMOPTIMIERUNG MIT ZUGDREIECKEN.

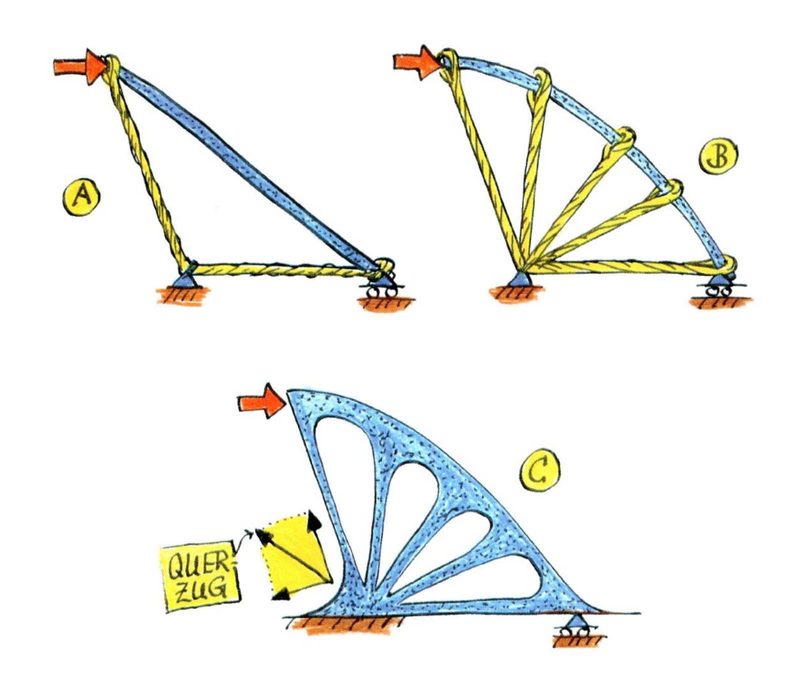

PROBLEMATISCH KANN ES DAHER SEIN, WENN MAN ´IN SEILEN DENKT´ (A), NOTAUSGÄNGE VERRAMMELT (B) UND DANN ALLZU GEDANKENLOS KERBEN AUSRUNDET. DIE AUSRUNDUNG LINKS UNTEN (C) ERZEUGT NÄMLICH ALS PERFEKTER UNGLÜCKSBALKEN (SIEHE SEITE 100) PEINLICHEN QUERZUG AUF DIE SPITZKERBEN ZWISCHEN DEN EHEMALIGEN SEILEN. DIE KERBEN AM DRUCKBOGEN SIND HIER NUR IN ETWA FREI HAND AUSGERUNDET. IM WAHREN LEBEN WÜRDEN SIE MIT ZUGDREIECKEN OPTIMIERT.

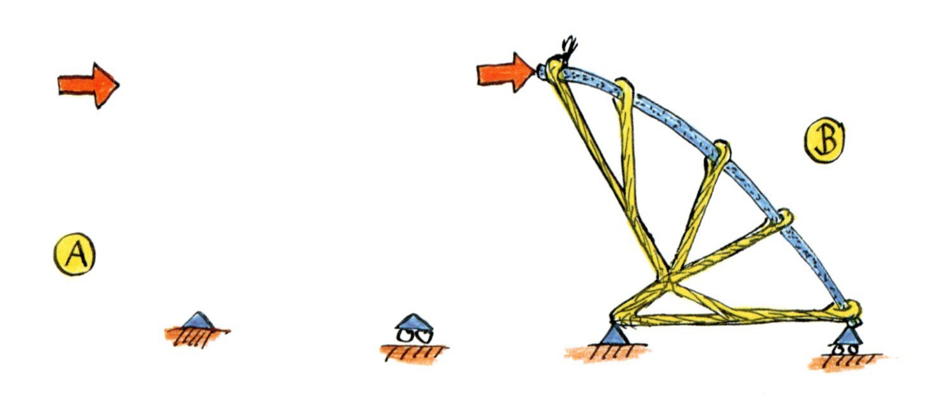

EINE ANDERE MÖGLICHKEIT IST, DIE FOLGEN DER KERBAUSRUNDUNGEN SCHON ZU BEACHTEN, WENN MAN AUSGEHEND VON DEN LAST- UND LAGERBEDINGUNGEN **(A)** IN ´SEILEN DENKT´ **(B)**. DABEI WERDEN QUERZUGSEILE EINGEBRACHT, DIE DEM UNGLÜCKSBALKEN ENTGEGENWIRKEN.

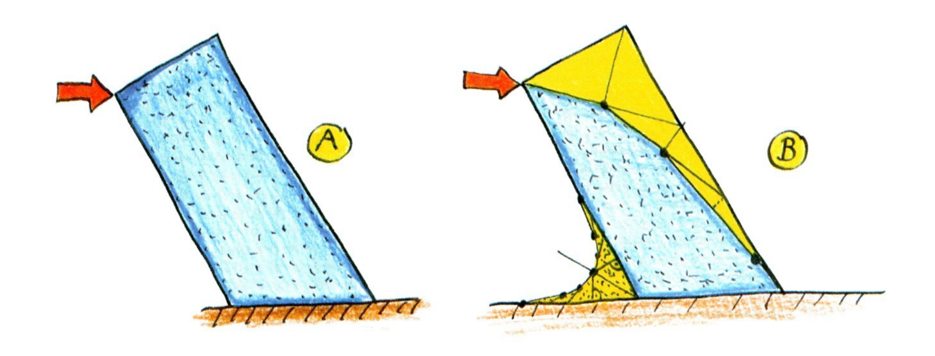

OFT STELLT SICH DIE FRAGE, WO AUS EINEM ROHLING UNNÖTIGES MATERIAL ENTFERNT WERDEN KANN. WENN MAN NUR DIE FAULPELZE AM RANDE EINES BAUTEILES ENTFERNEN WILL, DANN KANN MAN DIES AUSGEHEND VON EINEM RECHTWINKLIGEN DESIGNVORSCHLAG AUCH MIT DER METHODE DER ZUGDREIECKE. UNTEN LINKS WURDE NOCH EINE KERBSPANNUNG MIT ZUGDREIECKEN WEGOPTIMIERT. SO WERDEN ABER NOCH KEINE FAULPELZE IM BAUTEILINNEREN ENTFERNT.

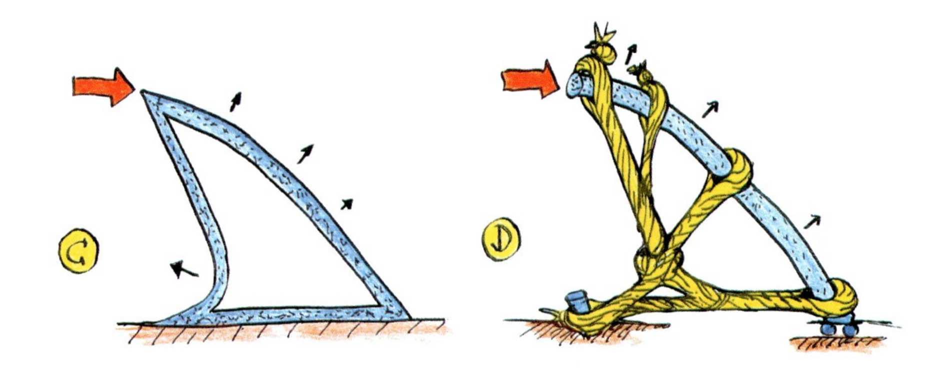

FÜR WEITEREN LEICHTBAU KANN MAN VON DEM MIT ZUGDREIECKEN GEWONNENEN VORSCHLAG NOCH INNERE STRUKTURTEILE HERAUSNEHMEN. DANN MUSS DIE ZUSÄTZLICHE DEFORMATION DER AUßENHAUT (C) MIT INNEREN SEILEN ODER DRUCKSTÄBEN AUFGEFANGEN WERDEN. DAMIT MACHT MAN DIE HÖHLUNG PRAKTISCH UM DIE WESENTLICHEN TEILE RÜCKGÄNGIG. DAS IST EINE VORGEHENSWEISE, DEREN NÄHE ZUR SKO-METHODE GERADE UNTERSUCHT WIRD.

ÜBERSICHT:

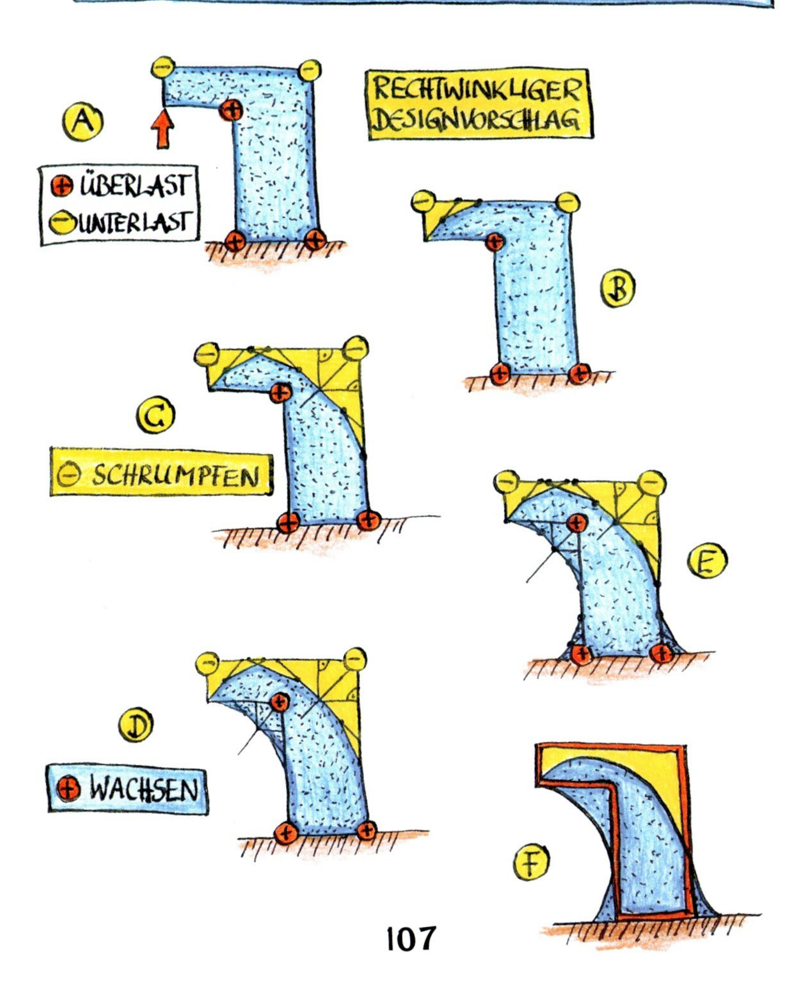
⊕ WACHSEN UND ⊖ SCHRUMPFEN MIT ZUGDREIECKEN
A
RECHTWINKLIGER DESIGNVORSCHLAG
⊕ ÜBERLAST
⊖ UNTERLAST
B
C
⊖ SCHRUMPFEN
E
D
⊕ WACHSEN
F

ÜBERSICHT: SEILDOMINIERTER LEICHTBAU

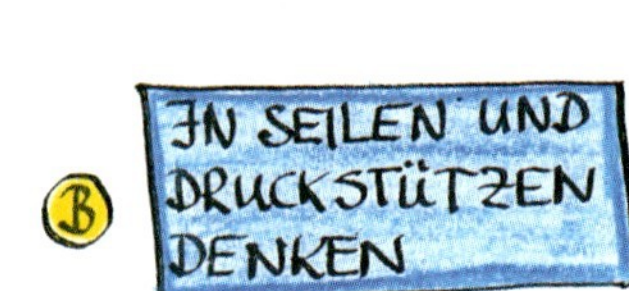

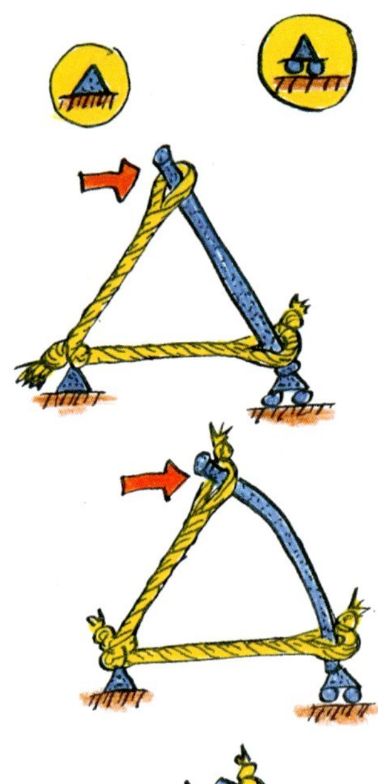

C

DRUCKSTÜTZEN ZU
DRUCKBÖGEN
MACHEN

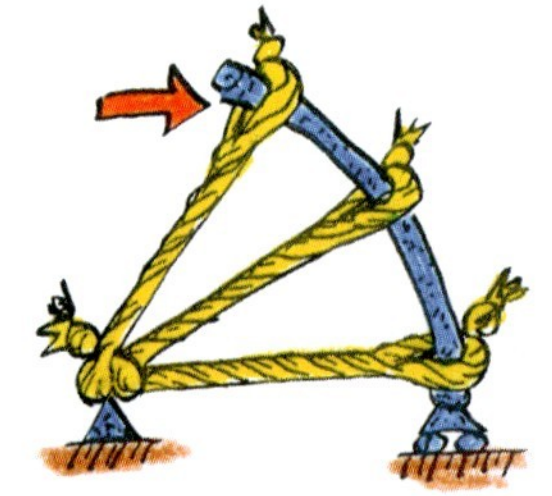

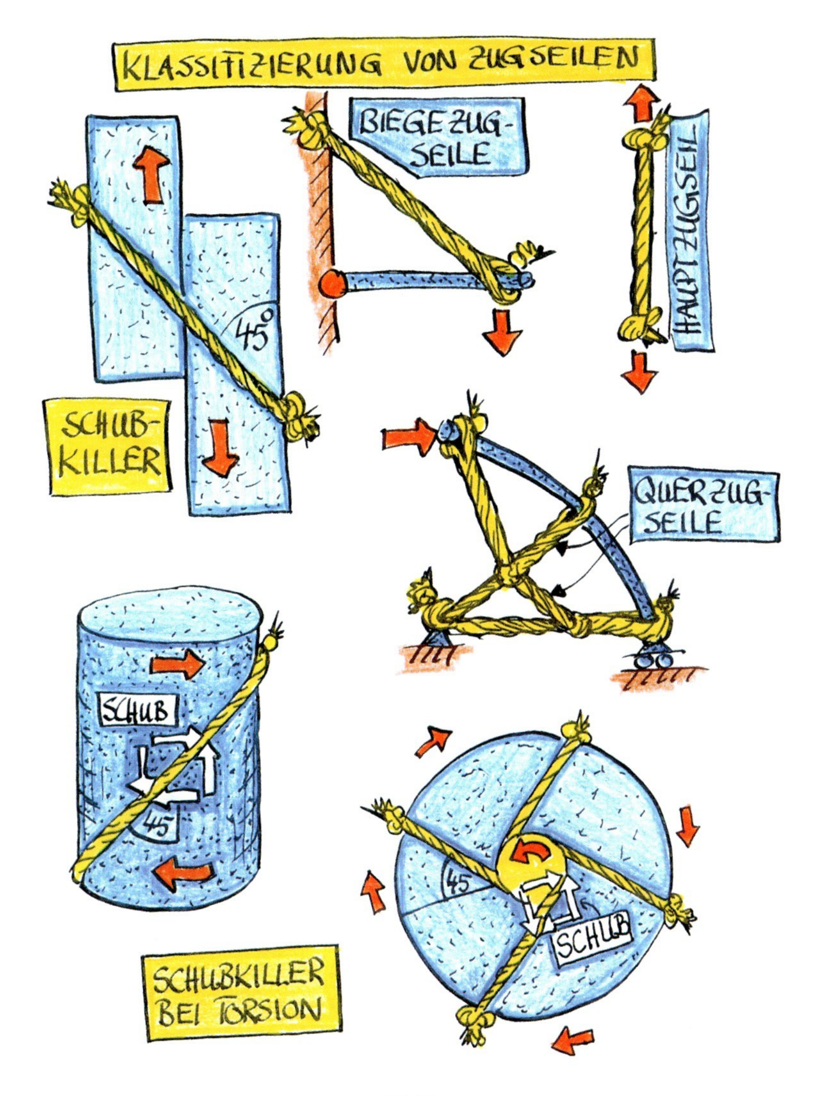
KLASSIFIZIERUNG VON ZUGSEILEN
BIEGEZUG-SEILE
HAUPTZUGSEIL
45°
SCHUB-KILLER
QUERZUG-SEILE
SCHUB
45
SCHUBKILLER BEI TORSION
45
SCHUB

Vergleich der Leichtbau-Methoden: Druckbelastung

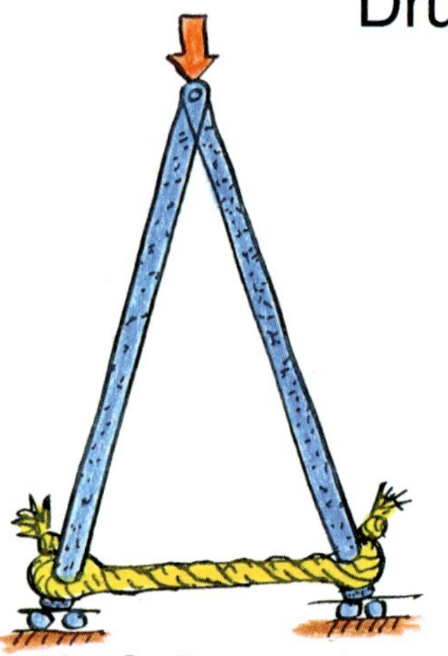

In Seilen und Stäben denken

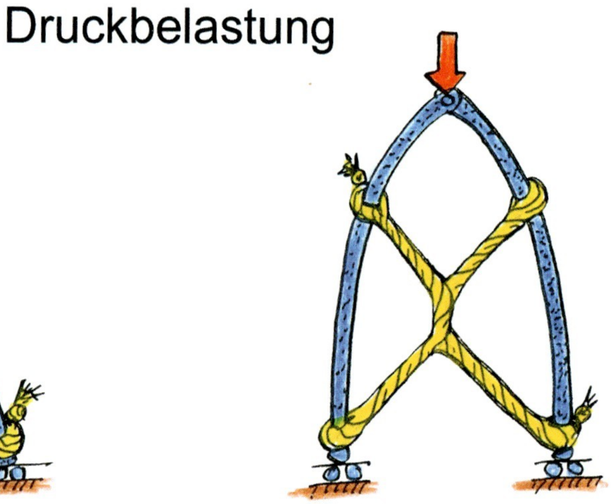

Notausgang verrammeln

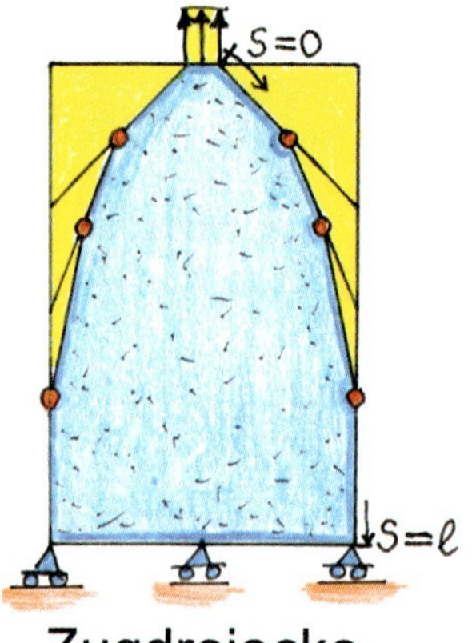

Zugdreiecke

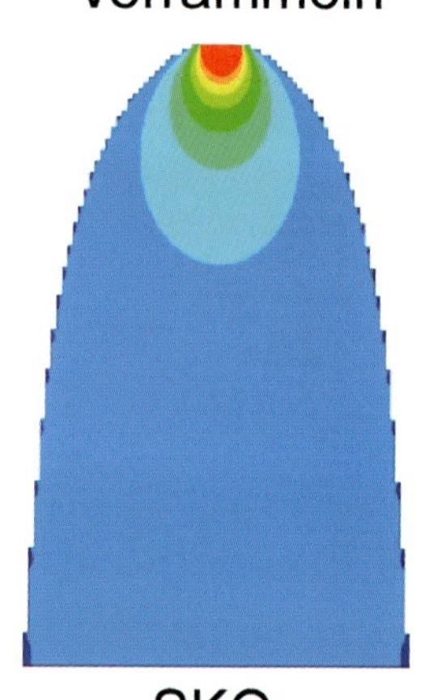

SKO

Vergleich der Leichtbau-Methoden: Biegebelastung

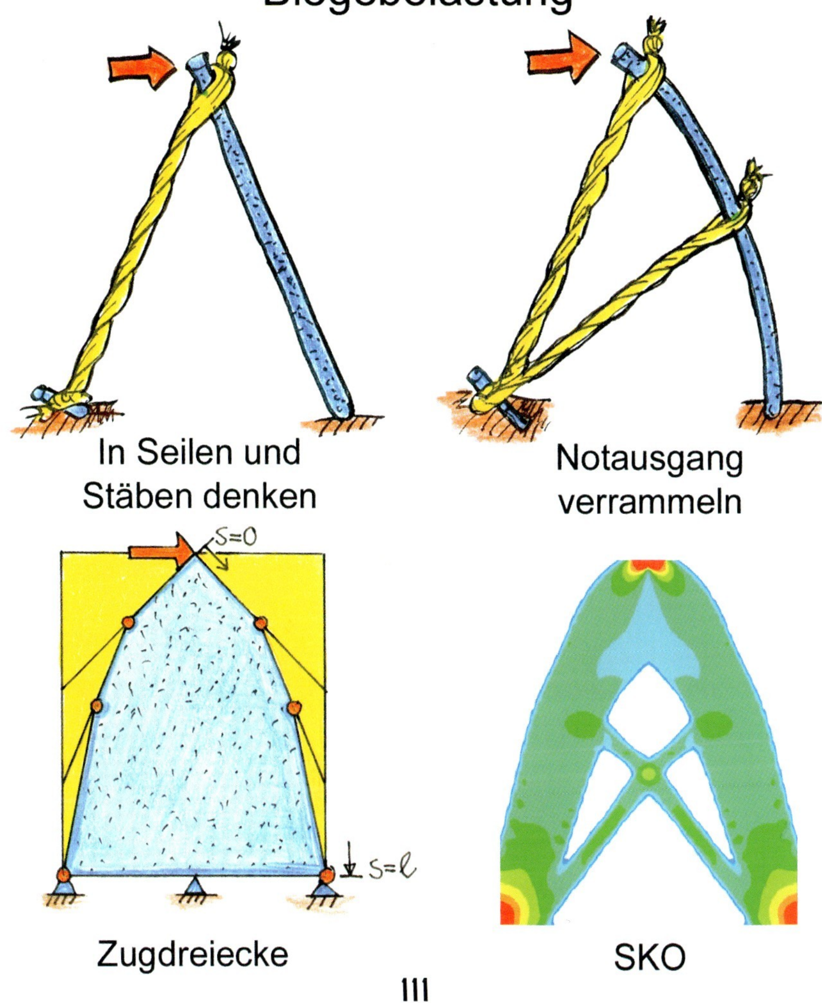

In Seilen und Stäben denken

Notausgang verrammeln

Zugdreiecke

SKO

DER SICHERHEITSFAKTOR S IST DAS MECHANISCHE SPARSCHWEIN EINES BAUTEILS. ER BESAGT, UM WELCHEN FAKTOR DIE NORMALE BETRIEBSBELASTUNG ERHÖHT WERDEN MUSS, DAMIT VERSAGEN EINTRITT:

$$S = \frac{Versagenslast}{Betriebsbelastung}$$

UNBESCHNITTENE BÄUME HABEN IN DER REGEL EINEN WERT VON CA. S=4, WIE KERBVERSUCHE BEWIESEN HABEN. KNOCHEN HABEN MEIST EINEN SICHERHEITSFAKTOR UM DREI BIS VIER, WIE MCNEILL ALEXANDER UND JOHN CURREY FANDEN. DIE NATUR BEGRENZT IHRE SICHERHEITSRESERVEN UND OPFERT LIEBER INDIVIDUEN, UM DIE GESAMTE SPEZIES ENERGIESPAREND ZU ERHALTEN. DIESE INDIVIDUENOPFER VERBIETET UNS DIE ETHIK UND JURISTISCH DIE PRODUKTHAFTUNG (WIR BAUEN KEINE LEICHTSINNIG-LEICHTEN, SPRITSPARENDEN FLUGZEUGE UND ZAHLEN DAFÜR MIT UNFALLTOTEN ALS LEICHTBAUFOLGE).

DIES IST NUR EINE GRENZE, DIE DEM LERNEN VON DER NATUR ETHISCH AUFERLEGT IST - UND ZUMINDEST AUS SICHT DES INDIVIDUUMS - EINE GUTE GRENZE!

DIE VERANTWORTUNG:

DIE NEUEN METHODEN SIND EINFACH UND EINLEUCHTEND, ABER WEITGEHEND EMPIRISCH. IHRE EXAKTEN GRENZEN SIND DAHER NOCH NICHT VOLLSTÄNDIG BEKANNT.

AUCH KÖNNEN SIE WOHL EINEN NATURNAHEN ENTWURF ERSTELLEN, DER ABER NOCH DIMENSIONIERT WERDEN MUSS. DIE DICKE DER SEILE, DRUCKSTÄBE UND DRUCKBÖGEN MUSS FÜR DIE JEWEILIGE BETRIEBSBELASTUNG BERECHNET ODER VON EINEM ERFAHRENEN KONSTRUKTEUR ODER HANDWERKER ABGESCHÄTZT UND DIE BELASTBARKEIT DURCH BRUCHTESTS NACHGEWIESEN WERDEN. AUCH DIE OPTIMALFORM KANN VERSAGEN, WENN SIE UNTERDIMENSIONIERT IST. DANN HAT MAN ZWAR EINE GLEICHFÖRMIGE SPANNUNGSVERTEILUNG, DIE ABER ÜBERALL ZU HOCH IST. EIN OPTIMIERTES BAUTEIL KANN AUCH VERSAGEN, WENN ES FÜR DIE FALSCHE BELASTUNG OPTIMIERT WURDE, DENN OPTIMIERUNG HEISST AUCH SPEZIALISIERUNG. EIN BAUTEILVERSAGEN KANN DAS LEBEN EINES MENSCHEN ZERSTÖREN. DIE BEGEISTERUNG FÜR DIE NEUEN COMPUTERFREIEN MÖGLICHKEITEN SOLLTE UNS NICHT LEICHTSINNIG MACHEN. NUR DAUERHAFTER ERFOLG KANN DIESEN WOHL EINFACHSTMÖGLICHEN BRÜCKENSCHLAG ZWISCHEN TECHNIK UND NATUR IN UNSEREM GEMEINWESEN ETABLIEREN UND DAMIT ZUR NACHHALTIGKEIT IM BEREICH MECHANISCHER BAUTEILE BEITRAGEN UND MASCHINEN GLEICHSAM ZUR NATUR MACHEN - WEIL SIE IHREN GESTALTGESETZEN GENÜGEN!

FOTOBEISPIELE FÜR

45°

SCHUBKILLER

EXPERIMENTE: KLAUS BETHGE

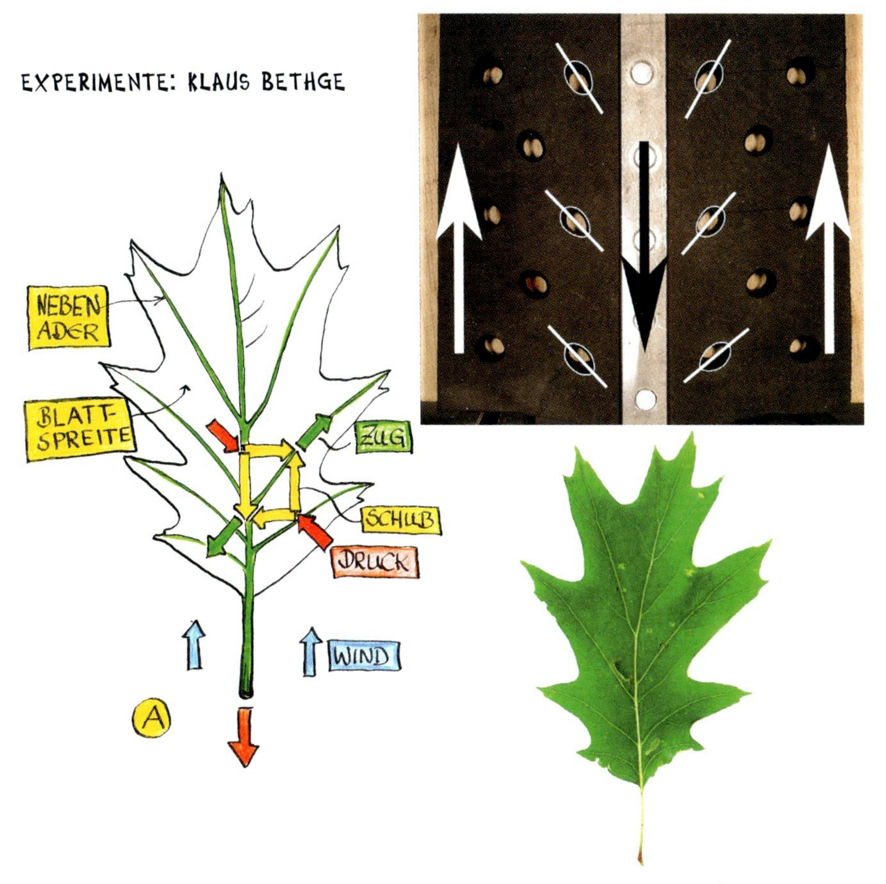

MIT EINER WEICHEN GUMMIPLATTE KANN MAN DIE 45°-AUSRICHTUNG DER SCHUBKILLERSEILE SEHR GUT ANSCHAULICH MACHEN. IN DIE PLATTE EINGESTANZTE KREISLÖCHER LÄNGEN SICH NAHE DER SYMMETRIEACHSE ZIEMLICH GENAU IN 45°-ZUGRICHTUNG.

HIER SIND DIE SCHUBKILLERSEILE MITEINANDER DURCH DIE BLATT-SPREITE VERBUNDEN. SIE SIND DAMIT WENIGER AUF REIBUNG UNTEREINANDER ANGEWIESEN, WIE SIE IM NACHFOLGENDEN BEI-SPIEL NÖTIG IST.

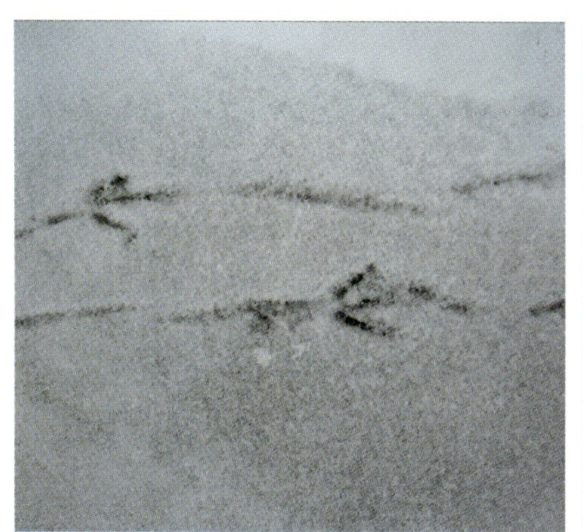

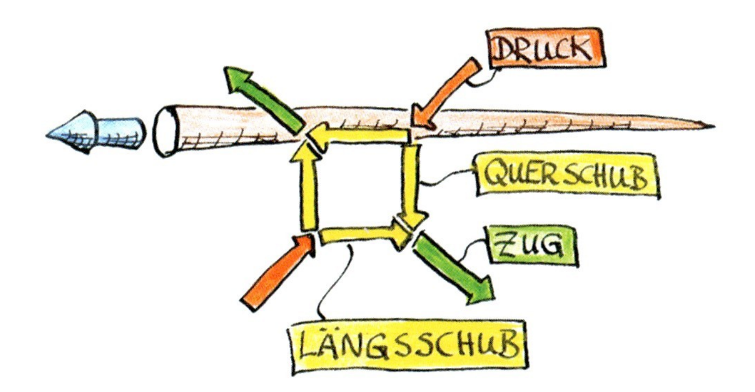

OB WURZELVERZWEIGUNG ODER VOGELKRALLE, HIER WIRD DIE ERDE ALS 'MATRIX' ZWISCHEN DEN SCHUBKILLERN WIRKSAM, DAMIT DIE WURZEL NICHT RAUSGERISSEN WIRD BZW. DAS WACKERE FEDERVIEH SEINEN VORTRIEB AUCH ALS RÜCKSTOß IN DIE ERDE EINLEITEN KANN, WENN NACHBARS KATZE HINTER IHM DURCHSTARTET.

HIER SIND ZWAR DIE HAUPTADERN DER BLÄTTER, IHRE STIELE, AUF REIBUNG DER BLÄTTER UNTEREINANDER ANGEWIESEN, DIE SEITENADERN SIND UNTEREINANDER JEDOCH ÜBER DIE SPREITEN DER BLÄTTER VERBUNDEN – EINE GEMISCHTE PROBLEMLÖSUNG.

WÄHREND DIE SCHUBKILLER DER FEDER NOCH MITEINANDER VER-
HAKT SIND, IST DER WEDEL AUF REIBUNG ANGEWIESEN.

AUCH BEI DIESEN SCHUBKILLERN SPIELT DIE REIBUNG FÜR DIE STABILITÄT DES GESAMTVERBUNDES MEHRERER ELEMENTE EINE GROßE ROLLE. ES GIBT OFFENBAR AUCH EINE SEITLICHE STÜTZWIRKUNG ZWISCHEN BENACHBARTEN PFLANZEN ODER PFLANZENTEILEN.

EIN BAMBUSSTAMM IST ZIEMLICH LEICHT AUS DEM VERBUND HERAUSZUBIEGEN UND LÄSST SICH HERUNTERZIEHEN (EXPERIMENTE: ROLAND KAPPEL). VIEL HÖHERE BELASTUNG ERFORDERT ES INFOLGE DER SEITLICHEN STÜTZWIRKUNG DER BAMBUSPFLANZEN, IHN IN DEN VERBUND HINEINZUBIEGEN. AUCH IN UNSEREN WÄLDERN VERSAGEN ZU SCHLANKE BÄUME SCHON BEI GERINGER SCHNEELAST, WENN SIE KEINEN REIBKONTAKT ZU NACHBARKRONEN MEHR HABEN.

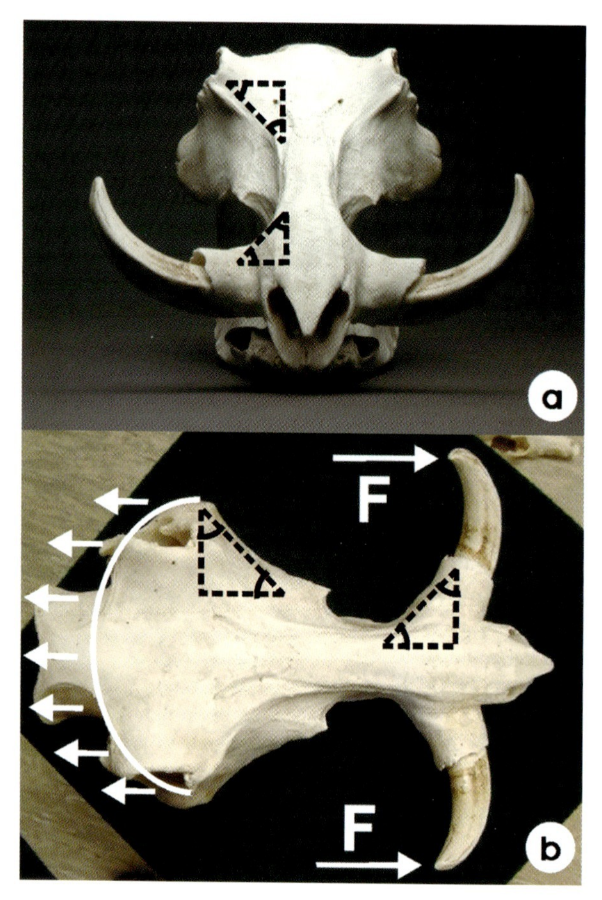

DIE GEFÄHRLICHEN HAUER DES WARZENSCHWEINES SIND DURCH 45°-SCHUBKILLER AM SCHÄDEL BEFESTIGT UND DIESE ERFÜLLEN HIER DIE FUNKTION DES ERSTEN ZUGDREIECKS BEI DER KERBFORMOPTIMIERUNG.

Kommentare zu diesem Buch:

Prof. Gross:
Der Biomechaniker Claus Mattheck ist seinem Ziel, eine weitgehend formelfreie Mechanik zur Schadenskunde und Schadensprävention in verständlicher Weise zu schaffen, mit diesem Buch wiederum ein ganzes Stück näher gekommen. Dass man mit einem Geodreieck ohne Optimierungssoftware das Risiko von Kerben weitgehend entschärfen, natürliche Konstruktionen nachvollziehen und erste Leichtbauentwürfe mit dieser Denkweise erstellen kann, hätte noch vor kurzem wohl kaum einer für möglich gehalten. Die zahlreichen Verifikationen in diesem Büchlein machen jedoch auch notorische Skeptiker wanken, denn die semi-empirischen Methoden haben obendrein den Charme der Plausibilität. Sie können vom Wissenschaftler wie vom Handwerker bis hin zum Schüler nachvollzogen werden. Dieses Denkwerkzeug ist gleichermaßen für den Hersteller wie auch den Konsumenten mechanischer Bauteile nützlich - ein kleines Buch, dem man eine weite Verbreitung wünschen möchte!

Prof. Dr. Dietmar Gross
Institut für Mechanik
Technische Universität Darmstadt

Prof. Kraft:
Das Unglaubliche ist wahr: Man kann Kerbformen ohne spezielle Software optimieren, zumindest ihre Kerbspannungen dramatisch senken und damit die Lebensdauer von Bauteilen erhöhen. Die Computerverifikationen und vergleichenden Schwingversuche geben Claus Mattheck recht. Die technische Dimensionierung als Festigkeitsnachweis bleibt uns nicht erspart, aber der Designvorschlag läßt sich mit diesen neuen graphischen Methoden computerfrei selbst von einem höheren Schüler finden: Ein großer Schritt in Richtung nachhaltiges Konstruieren!! Möge dieses Büchlein seinen Weg in die Herzen der Naturfreunde und in die Köpfe der Ingenieure finden, vielleicht sogar in die naturwissenschaftlichen Fächer der Schulen...

Prof. Dr. Oliver Kraft
Institut für Materialforschung II
Forschungszentrum Karlsruhe GmbH

Das Buch

- erzählt von den Gesetzen der Bäume in der Sprache eines Kindes durch den Igel Stupsi.
- soll alle, die Bäume gern haben oder für sie Verantwortung tragen, einführen in die Körpersprache der Bäume.
- soll auch auf Gefahren hinweisen, die von einem Baum ausgehen können.
- ist die einfach dargestellte Frucht mehrjähriger Forschungsarbeiten am Forschungszentrum Karlsruhe GmbH, bei denen modernste Mess- und Computertechniken zum Einsatz kamen.
- ist gedacht als ein Handschlag zwischen der Wissenschaft und dem interessierten Laien.

C. MATTHECK

WARUM ALLES KAPUTT GEHT

FORM UND VERSAGEN IN NATUR UND TECHNIK

Das Buch

- führt ein in die Mechanik des Versagens.
- erläutert den Kampf der Belastung gegen Material und Form.
- will Ihr Auge schärfen für Schwachstellen in Konstruktionen.
- zeigt, wie man Schadensfälle durch kluge Formgebung vermeidet.
- ist die Frucht langjähriger Arbeiten am Forschungszentrum Karlsruhe GmbH.

INFORMATIONEN ÜBER BÜCHER UND SEMINARE

OPTIMIERUNG MECHANISCHER BAUTEILE
BIOMECHANIK DER BÄUME
BAUMDIAGNOSE
HOLZFÄULEN UND BAUMPILZE

ERIKA KOCH
TEL.: 0711-715 7564
FAX: 0711-715 6410

WIR HELFEN GERNE!

www.mattheck.de